钳工技术及技能训练

（第2版）

主编　张国军　彭　磊
参编　朱云飞　陆　燕　董宏伟
主审　朱仁盛

北京理工大学出版社
BEIJING INSTITUTE OF TECHNOLOGY PRESS

内容简介

本书以钳工国家职业技能鉴定中级工的标准为主线，以高等教育机电类专业人才培养方案及课程标准为依据，将划线、錾、锉、锯、孔加工、典型机械设备拆装等专业知识融合到实训操作中，从理论与实践一体化的角度出发，结合项目教学法，介绍典型零件的加工方法和典型机械设备的拆装方法。充分体现“做中学”“学中做”的职业教学特色。

本书内容包括：手锤的制作、锉配T型镶配件、锉配六方体、平口钳的拆装、齿轮泵的拆装、蜗杆减速器的拆装。

本书适合作为高等院校机电类钳工技能训练教材，也可作为其他性质的学校及企业职工训练教材。

图书在版编目（CIP）数据

钳工技术及技能训练/张国军，彭磊主编. —2版. —北京：北京理工大学出版社，2017.8
ISBN 978-7-5682-4674-3

Ⅰ. ①钳…　Ⅱ. ①张… ②彭…　Ⅲ. ①钳工-高等学校-教材　Ⅳ. ①TG9

中国版本图书馆CIP数据核字（2017）第204765号

出版发行／北京理工大学出版社有限责任公司
社　　址／北京市海淀区中关村南大街5号
邮　　编／100081
电　　话／(010)68914775(总编室)
(010)82562903(教材售后服务热线)
(010)68948351(其他图书服务热线)
网　　址／http://www.bitpress.com.cn
经　　销／全国各地新华书店
印　　刷／三河市天利华印刷装订有限公司
开　　本／787毫米×1092毫米　1/16
印　　张／9
字　　数／214千字
版　　次／2017年8月第2版　2017年8月第1次印刷
定　　价／39.00元

责任编辑／张旭莉
文案编辑／张旭莉
责任校对／周瑞红
责任印制／李志强

前　言

本书是根据高等学校的教学要求编写的，适于高等学校机电类专业及工程技术类相关专业的学习使用。

本教材的作用是：帮助学生更好地掌握钳工加工基础、机械设备拆装基础，培养学生分析问题和解决问题的能力，使其形成良好的学习习惯，具备学习后续专业技术的能力；对学生进行职业意识培养和职业道德教育，使其形成严谨、敬业的工作作风，为今后解决生产实际问题和职业生涯的发展奠定基础。

本书从理论与实践一体化的角度出发，结合项目教学法，介绍典型零件的加工方法和典型机械设备的拆装方法等内容。各教学项目包括项目概述、训练目标、任务布置、任务分析、任务实施、实习心得等，另外，有关项目在检测、反馈、评价等方面都有新体现，项目内容注重新知识、新技术、新工艺、新方法的介绍与训练，使学生通过学习训练，为后续课程的学习与发展打好基础。

本书分为 6 个项目，由张国军、彭磊担任主编；彭磊编写了项目一、项目四；朱云飞编写了项目二、项目三；陆燕编写了项目五；董宏伟编写了项目六。另外，张国军参与了各项目相关内容的编写和统稿工作，朱仁盛副教授做了主审工作。

在编写本书过程中，我们参考了有关教材和资料，并得到了许多同仁的支持和帮助，在此一并表示衷心的感谢。由于编者水平有限，编写时间仓促，书中缺点、错误在所难免，恳请读者批评指正。

编　者

目　　录

项目一 手锤的制作

【项目概述】

制作手锤是钳工的一项综合性技术训练。通过该项目的训练，可使操作者初步了解钳工这一工种的工作任务，了解钳工基本操作技能、设备和工、量、刃具。

任务一 制作锤头

训练目标

1. 初步了解钳工的工作任务、要求。
2. 掌握钳工的基本操作技能。
3. 会选用钳工常用的工、量、刃具及设备。
4. 初步掌握钳工制作工艺制定的方法。

任务布置

根据图 1-1 所示的锤头零件图，按照其技术要求，正确选用制作锤头所需的工、量、

刃具及设备，制定制作工艺，制作出合格的锤头产品。

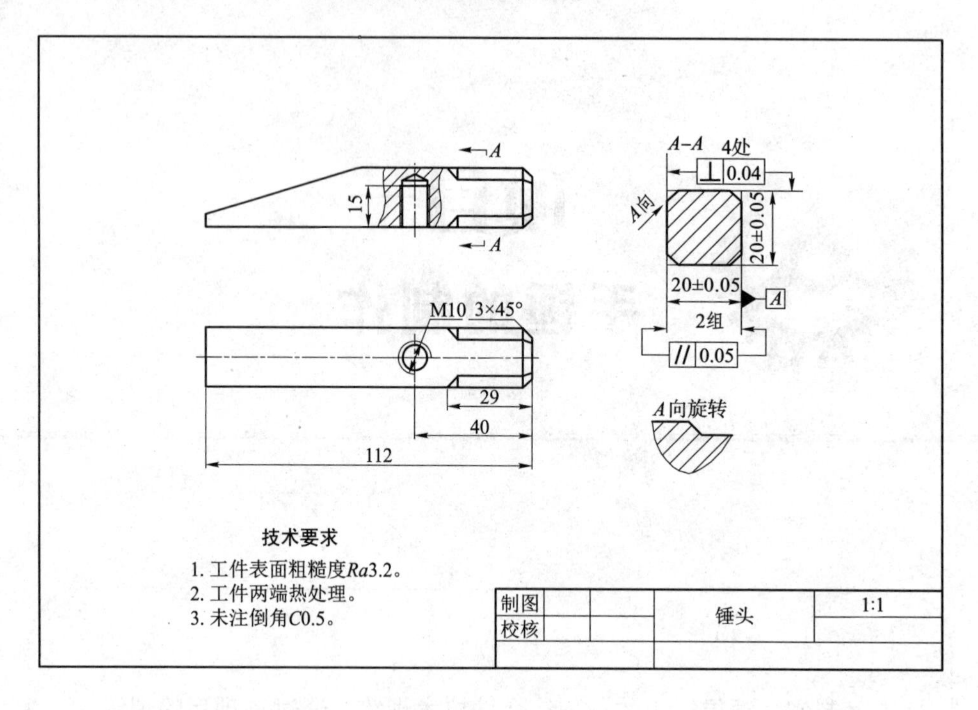

图 1-1　锤头零件

任务分析

锤头的制作其关键技术是划线、锯削和锉削，掌握正确的划线方法和正确的锯削、锉削技术是完成本任务的基本要求。

任务实施

一、钳工操作基本知识与安全知识的学习

（一）相关知识

1. 准备工作

工作时必须穿好工作服，如图 1-2（a）所示，袖口、衣服扣要扣好，要做到三紧（袖口紧、领口紧、下摆紧）。女生不允许穿凉鞋、高跟鞋，并戴好工作帽，如图 1-2（b）所示。规范的着装是安全与文明生产的要求，也是现代企业管理的基本要求，代表着企业的形象。

钳工安全操作规程如下：

① 工作时必须穿戴防护用品，否则不准上岗。

② 不得擅自使用不熟悉的设备和工具。

③ 使用电动工具，插头必须完好，外壳接地，并应佩戴绝缘手套、胶鞋，防止触电。

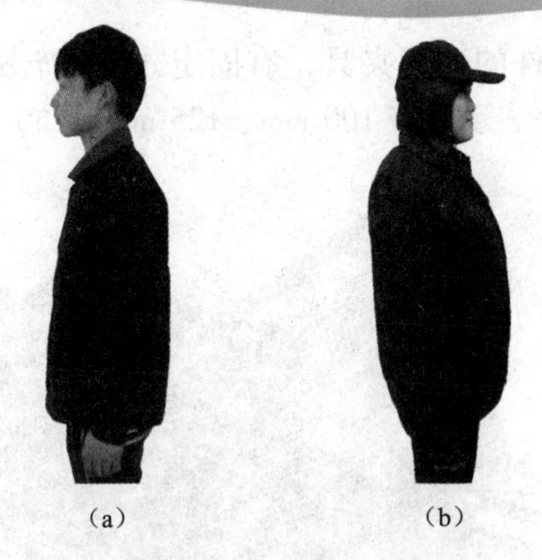

（a）　　（b）

图 1-2　着装要求

如发现防护用具失效，应立即修补或更换。

④ 多人作业时，必须有专人指挥调度，密切配合。

⑤ 使用起重机设备时，应遵守起重工安全操作规程。在吊起的工件下面，禁止任何操作。

⑥ 高空作业必须戴安全帽，系安全带。不准上下投递工具或零件。

⑦ 易滚易翻的工件，应放置牢靠。搬动工件要轻放。

⑧ 试车前要检查电源连接是否正确，各部分的手柄、行程开关、装块等是否灵敏可靠，传动系统的安全防护装置是否齐全，确认无误后方可开车运行。

⑨ 使用的工具、夹具、量具、器具应分类依次排列整齐，常用的放在工作位置附近，但不要置于钳台的边缘处。精密量具要轻取轻放，工具、夹具、量具、器具在工具箱内应放固定位置，整齐安放。

⑩ 工作场地应保持整洁。工作完毕，对所使用的工具、设备都应按要求进行清理、润滑。

2. 钳工基本设备

① 钳工工作台又称钳台，是钳工专用的工作台，用于安装台虎钳并放置工件、工具，如图 1-3 所示。

图 1-3　钳工工作台

② 台虎钳是用来夹持工件的通用夹具，有固定式和回转式两种类型，如图1-4所示。台虎钳的规格以钳口的长度来表示，有100 mm、125 mm、150 mm等。

图1-4 台虎钳

3. 钳工常用工、量、刃具及用途

钳工常用的工、量、刃具如表1-1所示。

表1-1 钳工常用的工、量、刃具

名称	用途	图示
划线平台	作为划线基准，检验精度的工具	
手锤	是錾削、打样冲眼等常用的工具	
划针	在金属表面上划出凹痕的线段	
划规	平面划线	

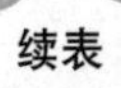

续表

名　称	用　途	图　示
90°刀口角尺	是检验和划线工作中常用的量具	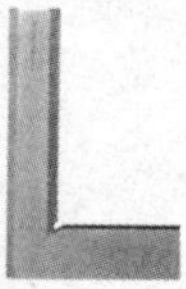
方箱	用于夹持较小的工件	
分度头	主要用于铣床，也常用于钻床和平面磨床，还可放置在平台上供钳工划线用	
游标卡尺	一种测量长度、内外径、深度的量具	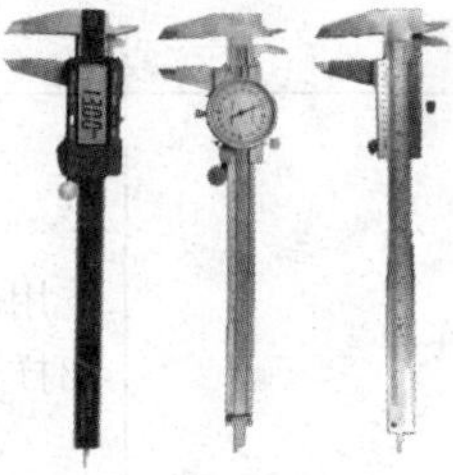
高度游标卡尺	利用游标原理，对测量爪测量面与底座面相对移动分隔的距离进行读数的通用高度测量工具	
千分尺	比游标卡尺更精密的测量长度的工具	

续表

名　称	用　途	图　示
钢直尺	最简单的长度量具	
锯弓锯条	主要用于锯断金属材料（或工件）或在工件上进行切槽	
锉刀	主要用来对金属、木料、皮革等工件表面层做微量加工	
样冲	用来在工件的划线上打出样冲眼	
錾子	用于錾削大平面、薄板料、清理毛刺等	
台虎钳	利用螺杆或某机构使两钳口做相对移动而加紧工件	

续表

名　称	用　途	图　示
平口钳	一种通用夹具，常用于安装小型工件	
万能角度尺	利用游标读数原理来直接测量工件角或进行划线的一种角度量具	

4. 钳工的主要工作

钳工是机加工的基础工种，主要包括以下工作：

(1) 加工零件

一些采用机械方法不适宜或不能解决的加工，都可以由钳工来完成，如零件加工过程中的划线、精密加工以及检验和修配等。

(2) 装配

把零件按机械设备的各项技术要求进行组件、部件装配和总装配，并经过调整、检验和试车等，使之成为合格的机械设备。

(3) 设备维修

当机械设备在使用过程中产生故障、出现损坏或长期使用后精度降低影响使用时，也要通过钳工进行维护和修理。

(4) 工具的制造和修理

制造和修理各种工具、夹具、量具、模具及各种专用设备。

(二) 操作步骤

钳工操作基本知识与安全知识学习步骤如表 1-2 所示。

表 1-2　钳工操作基本知识与安全知识学习步骤

操作步骤	操作方法图示或说明	心　得
参观优秀钳工作品		

续表

操作步骤	操作方法图示或说明	心　　得
参观钳工实习场地		
学习安全文明生产基本要求及实习场地规章制度		

（三）检测与反馈

对完成的工作进行检测，检测表如表 1–3 所示。

表 1–3　安全文明生产检测评价表

项目	指标	分值	测评方式			备　注
			自检	互检	专检	
任务检测	工厂设备认知	40				
职业素养	着装	20				
	参观纪律	40				
合计		100				
综合评价						
心得						

二、相关测量技术的学习

测量是一门应用性与操作性均较强的专业基础技能。任何机械生产都离不开测量。测量是检验生产结果的必要步骤，通过正确的测量才能得出明确的加工结果和余量。测量是现代企业生产中不可缺少的一部分。

1. 游标卡尺的使用与维护

游标卡尺是一种游标类万能量具，适用于中等精度尺寸的测量和检验，可以直接测量出工件的内径、外径、长度、宽度和孔距等尺寸。其具有结构简单、使用方便、测量的尺寸范围大等特点，是钳工常用的量具之一。

1）游标卡尺的结构

游标卡尺由尺身（主尺）、游标（副尺）、固定量爪、活动量爪、止动螺钉等组成，精度有 0.1 mm、0.05 mm 和 0.02 mm 三种，如图 1-5 所示。

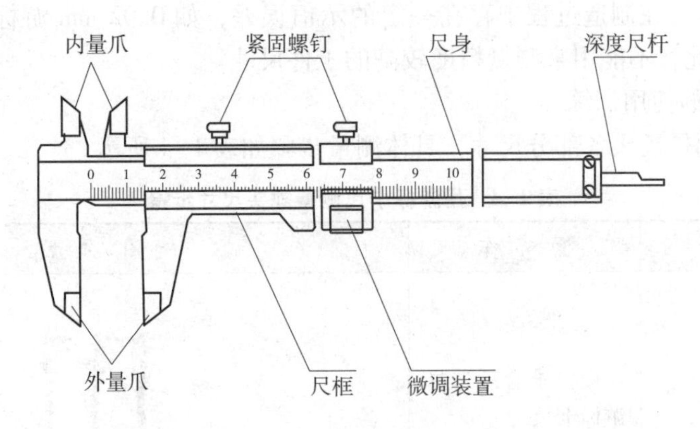

图 1-5　游标卡尺的结构

2）游标卡尺的刻线原理及读数方法

（1）游标卡尺的刻线原理

以精度为 0.02 mm 的游标卡尺为例。尺身每小格为 1 mm，当两测量爪合并时，游标上的 50 格刚好和尺身上的 49 格（49 mm）对正。尺身与游标每格之差为 1－49/50＝0.02（mm），此差值为 0.02 mm 游标卡尺的测量精度。

（2）读数方法与步骤

① 读整数。在尺身上读出位于游标零线左边最接近的整数值（mm）。

② 读小数。由游标上与尺身刻线对齐的刻线格数，乘以游标卡尺的测量精度值，读出小数部分。

③ 求和。将两项读数值〔见图 1-6（a）和图 1-6（b）〕相加，即被测尺寸，如图 1-6 所示。

3）游标卡尺的使用注意事项

使用游标卡尺测量工件尺寸时，应按工件尺寸大小和精度合理选用游标卡尺，游标卡尺只适用于中等精度（IT10~IT16）尺寸的测量和检验。不能用游标卡尺去测量铸、锻件等毛坯尺寸，因为这样容易磨损测量面而降低测量精度；也不能用游标卡尺去测量精度要求高的

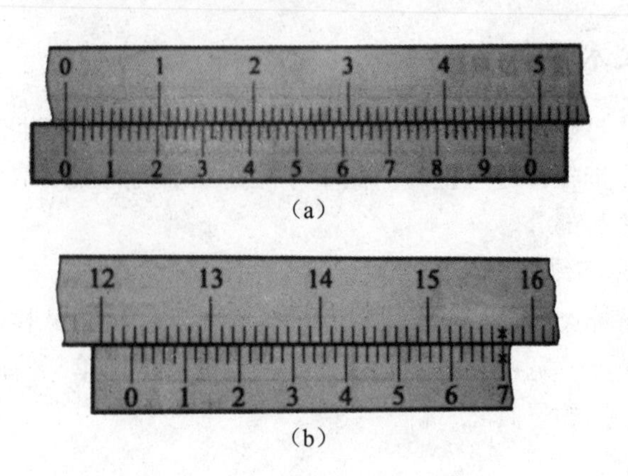

(a)

(b)

图 1-6　游标卡尺读数原理

工件，因为游标卡尺在制造过程中存在一定的示值误差，如 0.02 mm 游标卡尺的示值误差为±0.02 mm，因此，不能用来测量精度较高的工件尺寸。

4）游标卡尺的使用训练

用游标卡尺测量锤头各部分尺寸，具体测量步骤如表 1-4 所示。

表 1-4　用游标卡尺测量锤头尺寸步骤

测量内容	操　　作	图　　示
使用前的准备	按要求合理选择游标卡尺	
测量外形尺寸	测量锤头外形尺寸	
孔径、孔深	测量锤头孔径和孔深	

2. 千分尺的使用与维护

千分尺是一种应用螺旋测微原理制成的精密测微量具，可估读到毫米的千分位，故命名为千分尺。它的测量精度比游标卡尺高，而且比较灵敏。因此，对于加工精度要求较高的零件尺寸，常用千分尺测量。

（1）外径千分尺的结构

千分尺按其结构不同，可分为外径千分尺、内径千分尺、深度千分尺、螺纹千分尺和公法线千分尺等。图 1-7 所示为常用的外径千分尺。它主要由尺架、测微螺杆、固定套筒、微分筒和测力装置组成。它的规格按测量范围分为 0~25 mm、25~50 mm、50~75 mm、75~100 mm、100~125 mm 等，使用时按被测工件的尺寸合理选择。

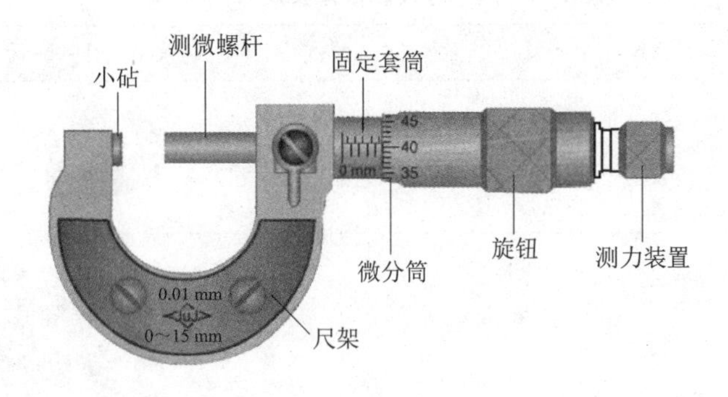

图 1-7　千分尺的结构

（2）外径千分尺的刻线原理及读数方法

① 外径千分尺的刻线原理。

千分尺测微螺杆上的螺距为 0. 5 mm，当微分筒转一圈时，测微螺杆就沿轴向移动 0. 5 mm。固定套筒上刻有间隔为 0. 5 mm 的刻线，微分筒圆锥面上共刻有 50 个格，因此，微分筒每转一格，螺杆就移动 0. 5 mm/50 = 0. 01 mm，因此，该千分尺的精度值为 0. 01 mm。

② 外径千分尺的读数方法。

首先读出微分筒边缘在固定套筒主尺的毫米数和半毫米数，然后看微分筒上哪一格与固定套筒上基准线对齐，并读出相应的不足半毫米数，最后把两个读数相加起来就是测得的实际尺寸。千分尺的读数方法如图 1-8 所示。

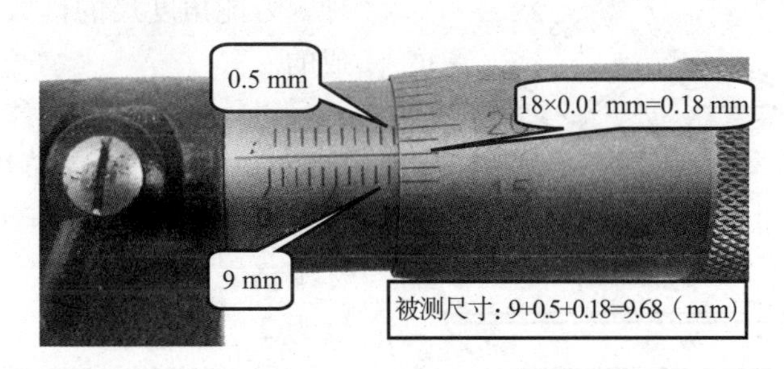

图 1-8　千分尺的读数方法

（3）千分尺的使用注意事项

① 测量前，转动千分尺的测力装置，使两侧砧面贴合。

② 测量时，在转动测力装置过程中，不要用大力转动微分筒。

③ 测量时，砧面要与被测工件表面贴合并且测微螺杆的轴线应与工件表面垂直。

④ 读数时，最好不要取下千分尺进行读数，如确需取下，应首先锁紧测微螺杆，然后轻轻取下千分尺，防止尺寸变动。

⑤ 读数时，不要错读 0.5 mm。

（4）千分尺的使用训练

用千分尺测量锤头各部分尺寸，具体测量步骤见表 1-5。

表 1-5　用千分尺测量锤头尺寸的步骤

测量内容	操　作	图　示
使用前的准备	按要求合理选择千分尺	
测量外形尺寸	测量锤头外形尺寸	

3. 万能角度尺的使用与维护

万能角度尺是一种利用游标读数原理来测量零件内外角度或进行角度划线的角度量具。

（1）万能角度尺的结构

万能角度尺的结构如图 1-9 所示，它主要由基尺 4、尺身 1（主尺）、直角尺 2、直尺 8、游标 3、制动器 5（锁紧螺钉）、扇形板 6、调节旋钮 9 和卡块 7 等组成。

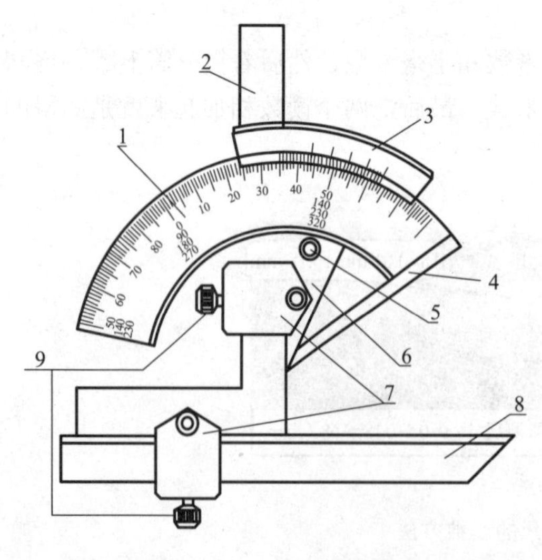

图 1-9　万能角度尺的结构

（2）万能角度尺的刻线原理与读数方法

① 万能角度尺的刻线原理。

万能角度尺的测量精度有 5′ 和 2′ 两种，万能角度尺的读数是根据游标原理制成的。

以精度为 2′ 的万能角度尺为例，尺身刻线每格为 1°，游标共 30 个格，等分为 29°，每格为 29°/30 = 58′，尺身 1 格和游标 1 格之差为 1°－58′ = 2′，即它的测量精度为 2′。

② 万能角度尺的读数方法。

万能角度尺的读数方法与游标卡尺的读数方法相似，先从尺身上读出游标 0 刻

线前的整度数，再从游标上读出角度数，两者相加就是被测工件的角度数值。

（3）万能角度尺的使用注意事项

① 根据被测量工件的不同角度正确组合。

② 使用前，先将万能角度尺擦拭干净，再检查尺身和游标的“0”刻线是否对齐，基尺和直尺是否有间隙。

③ 测量完毕后，应用汽油或酒精把万能角度尺洗净，用干净纱布仔细擦干，涂上防锈油，然后装入专用盒内存放。

（4）万能角度尺的使用训练

用万能角度尺测量锤头相应角度，具体测量步骤如表 1-6 所示。

表 1-6　用万能角度尺测量锤头角度步骤

测量内容	操　作	图　示
测量	测量锤头角度	
使用后的维护与保养	用汽油或酒精把万能角度尺洗净，用干净纱布仔细擦干，涂上防锈油，然后装入专用盒内存放	

三、锤头的划线

根据图样要求，利用各种划线工具，在毛坯或工件表面划出加工界线或作为基准的点和线的操作，称为划线。划线是零件加工的头道工序，在零件制造过程中起着非常重要的作用：

（1）作为加工的依据

（2）检查毛坯形状、尺寸，剔除不合格毛坯

（3）合理分配工件的加工余量

（4）便于复杂工件在机床上装夹、找正及定位

1. 基准的概念

基准是用来确定工件上各几何要素的尺寸大小和相互位置关系所依据的一些点、线、面，基准的概念如表 1-7 所示。

表 1-7　基准的概念

基准类型	含　义
设计基准	设计时在图样上用来确定其他点、线、面位置的依据
工艺基准　定位基准	工件加工时，用来确定被加工零件在机床相对于刀具的正确位置所依据的点、线、面
测量基准	用于检验已加工表面尺寸及其相对位置所依据的点、线、面
装配基准	装配时用来确定零部件在机器中的位置所依据的点、线、面
划线基准	划线时在工件上用来确定其他点、线、面位置的依据

2. 划线基准的类型

划线作为加工中的头道工序，在选用划线基准时，应尽可能使划线基准与设计基准重合，以避免相应的尺寸换算，也可以减少加工过程中因基准不重合而产生的误差。划线的基准一般有三种类型，如表 1-8 所示。

表 1-8　基准的类型

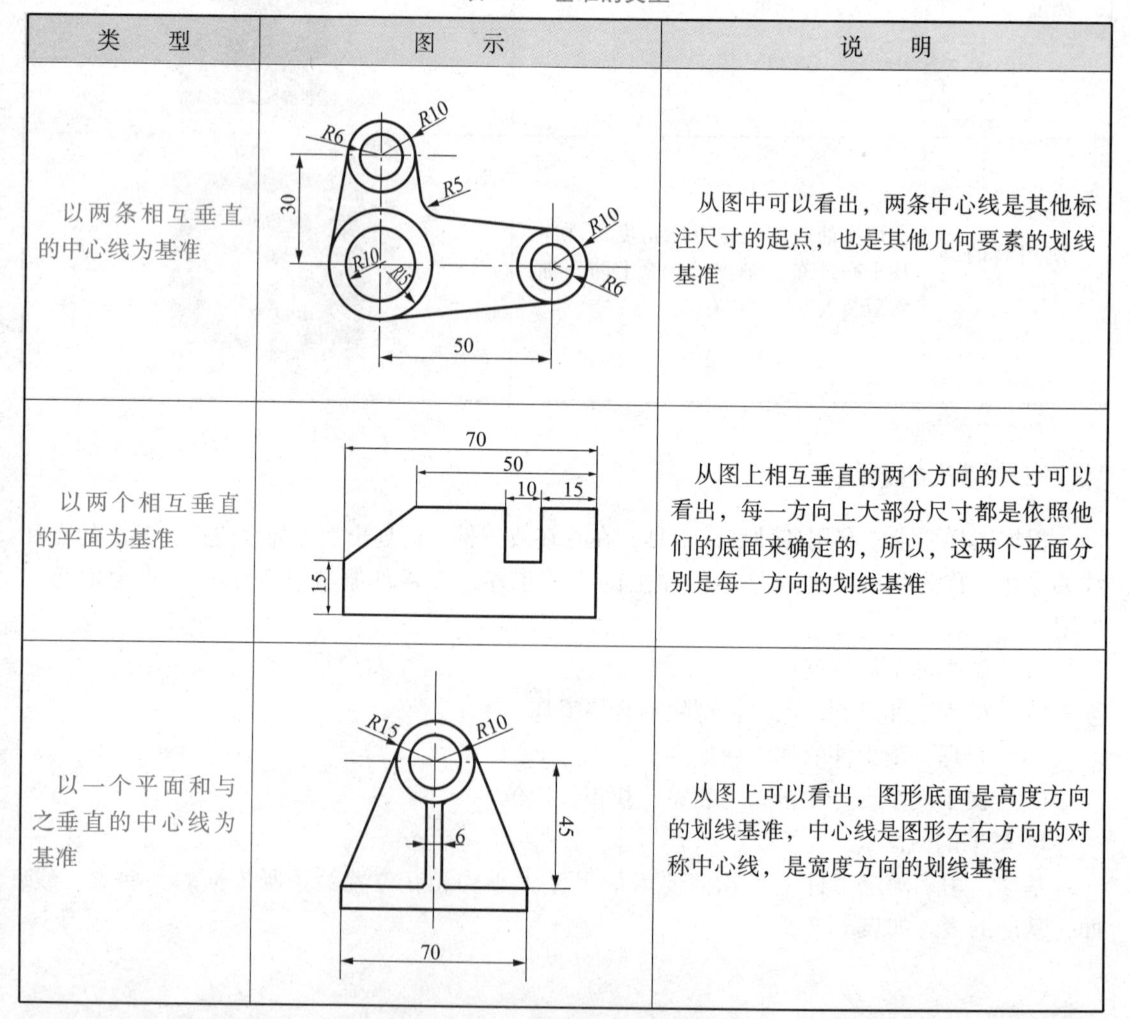

类　型	图　示	说　明
以两条相互垂直的中心线为基准		从图中可以看出，两条中心线是其他标注尺寸的起点，也是其他几何要素的划线基准
以两个相互垂直的平面为基准		从图上相互垂直的两个方向的尺寸可以看出，每一方向上大部分尺寸都是依照他们的底面来确定的，所以，这两个平面分别是每一方向的划线基准
以一个平面和与之垂直的中心线为基准		从图上可以看出，图形底面是高度方向的划线基准，中心线是图形左右方向的对称中心线，是宽度方向的划线基准

3. 划线的种类及工、量具

（1）划线的种类

① 平面划线：只需要在工件的一个平面上划线后即能明确表示出加工界线的划线方法，称为平面划线。

② 立体划线：需要在工件上几个不同角度的表面上划线，才能明确表示出加工界线的划线方法，称为立体划线。

（2）常用的划线工具、量具

常用的划线工具、量具如表 1-9 所示。

表 1-9　常用的划线工具、量具

名　　称	图　　示	说　　明
划线平台		作为划线基准，检验精度的工具
划针		在工件表面上划出凹痕
划规		用于平面划线
高度游标卡尺		利用游标原理，对测量爪测量面与底座面相对移动分隔的距离，进行读数的通用高度测量工具
样冲		用来在工件的划线上打出样冲眼
90°角尺		检验和划线工作中常用的量具

4. 划线的具体操作步骤

① 划线前的准备工作：对工件或毛坯进行清理、涂色及在工件孔中心填塞木料或其他材料。

② 分析图纸，确定划线基准与划线的先后次序。

③ 根据基准检测毛坯，确定是否需要找正或借料。

④ 选择合适的划线工具、量具。

⑤ 按确定的划线次序划线。

⑥ 复核划线的正确性，包括尺寸、位置等。

5. 手锤的划线

如图 1-1 所示手锤划线加工图，根据图样上所标注的尺寸，用划线工具（划线工具清单如表 1-10 所示），在毛坯上划出手锤的加工界线。

表 1-10　划线工具清单

mm

名称	规格	精度	数量
高度游标卡尺	0~300	0. 02	1
钢直尺	0~150	—	1
手锤			1
90°角尺	100×63	一级	1
样冲			1
划针			1
划规			1

（1）具体操作步骤（如表 1-11 所示）

表 1-11　手锤划线加工操作步骤

操作步骤	操作方法图示或说明	所用工具	自检
准备工作			
检查毛坯		游标卡尺 万能角度尺	

续表

操作步骤	操作方法图示或说明	所用工具	自检
以 *A* 面为基准划线	Ⓐ	高度游标卡尺	
以 *B* 面为基准划线	Ⓑ	高度游标卡尺	
以 *C* 面为基准划线	Ⓒ	高度游标卡尺	
连线		钢直尺 划针	

（2）检测与反馈

锤头划线的质量评价如表 1-12 所示。

表 1-12　锤头划线加工检测评价表

项目	指标	分值	测评方式			备　注
			自检	互检	专检	
任务检测	线条清晰	20				
	尺寸正确	40				
	斜线准确	20				
	工具选择合理	10				
职业素养	着装	5				
	工量具摆放	5				
合计		100				
综合评价						
心得						

四、锤头的锯削

用手锯对材料或工件进行切断或切槽的加工方法，称为锯削又称锯割。锯削是钳工操作的基本技能之一，其加工范围包括：锯断各种原料或半成品；锯除工件上多余部分；在工件上切槽。

1. 手锯

手锯由锯弓和锯条组成。

1）锯弓

锯弓是用来张紧锯条的，分为固定式和可调式两种，如图1-10所示。固定式锯弓的长度不能调整，只能安装单一规格的锯条；可调式锯弓可安装不同规格的锯条，使用广泛。

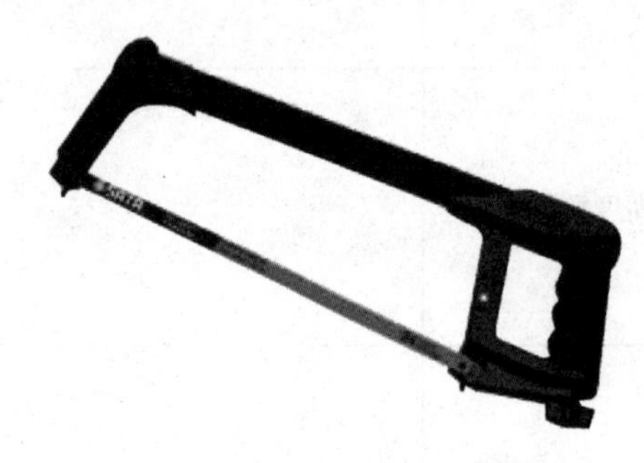

图1-10　锯弓

2）锯条

（1）锯条的材料

锯条的材料常用优质碳素工具钢T10A或T12A制成，经热处理后硬度可达HRC60～HRC64，与制造锉刀的材料一样。因此，平时在操作时，不要把两者混放在一起，更不要叠放，以免产生相对摩擦，造成相互损伤。另外，高速钢也用来制作锯条，具有更高的硬度、更好的韧性、更高的耐热性，但成本要比普通锯条高出许多。

（2）锯条的规格

锯条的规格主要包括长度和齿距。

① 长度是指锯条两端安装孔的中心距，一般有100 mm、200 mm、300 mm几种，钳工实习常用的是300 mm长度规格的锯条。

② 齿距是指两相邻齿对应点的距离。按照齿距大小，锯条可分为粗、中、细三种规格，如表1-13所示。

表1-13　锯条规格及应用场合

锯齿粗细	齿距/mm	应用场合
粗	1.8	锯削铜、铝等软材料
中	1.4	锯削普通钢、铸铁等中等硬度材料
细	1.0	锯削硬板料及薄壁管子

2. 锯削的操作

（1）锯条的安装

锯条安装应注意两个问题：一是锯齿向前，如图1-11所示，只有锯齿向前才能正常切削；二是锯条松紧适当，太松或太紧锯条都容易崩断，安装好后应无扭曲现象，锯条平面与锯弓纵

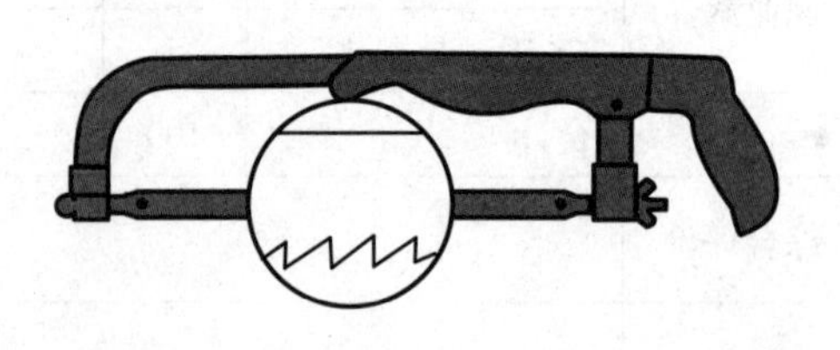

图1-11　锯条安装

向平面应在同一平面内或互相平行的平面内。

（2）工件的夹持

① 工件尽量夹在台虎钳钳口的左面，以便操作。

② 工件伸出钳口的距离不要太长，约 20 mm，否则工件容易颤动，形成噪声。

③ 所划锯缝线应尽可能垂直水平面。

④ 工件要夹持牢固，但要避免将工件夹变形或夹坏以加工表面，必要时可垫一软钳口。

（3）锯弓的握法

握持锯弓时，手臂自然舒展，右手握稳锯柄，左手在锯弓的前端，握柄手臂与锯弓成一直线，如图 1-12 所示。锯削时右手施力，左手压力不要太大，主要是协助右手扶正锯弓，身体稍微前倾，回程时手臂稍向上抬，在工件上滑回。

图 1-12 锯弓的握法

（4）起锯

起锯是锯削工作的开始，起锯质量的好坏，直接影响锯削质量。起锯的方式有近起锯和远起锯两种，如图 1-13 所示。一般情况下采用远起锯，因为用这种方法锯齿不易被卡住。

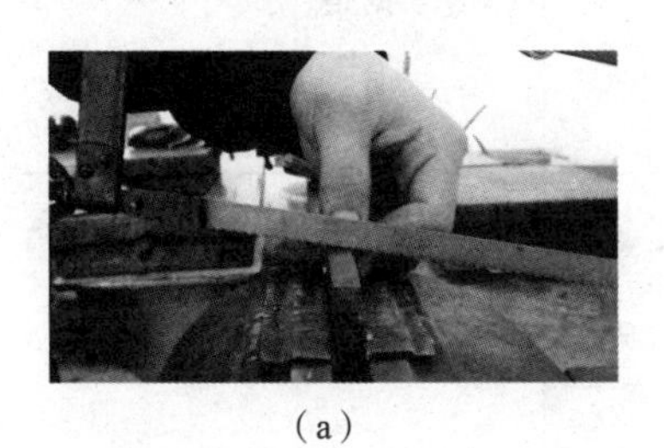

（a）

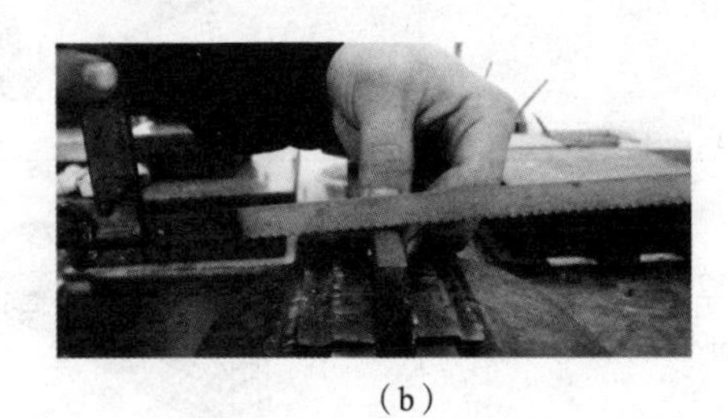

（b）

图 1-13 起锯方式

（a）近起锯；（b）远起锯

（5）锯削姿势

锯削时的站立及身体的摆动角度与锉削姿势一样，如图 1-14 所示。

（6）锯削运动方式

推锯时锯弓运动方式有两种：一种是直线运动；另一种是锯弓小幅度上下摆动。

① 直线往复操作：在推锯时，身体略向前倾，自然地压向锯弓，当推进大半行程时，身体随手推动锯弓，准备回程。回程时左手应把锯弓略微向上抬起，让锯条在工件上轻轻滑过，待身体回到初始位置。在整个锯削过程中应保持锯缝的平直，如有歪斜应及时校正。这

图 1-14　锯削姿势

种操作方式适于加工薄形工件及直槽。

② 摆动式操作：在锯弓推进时，锯弓可上下小幅度摆动。这种操作便于缓解手的疲劳。

（7）锯削压力

锯削时的推力和压力主要由右手控制。左手所加压力不要太大，主要起扶正锯弓的作用。手锯在回程中不施加压力，以免锯齿磨损。手锯推进时压力的大小应根据所锯工件材料的性质来定：锯削硬材料时，压力应大些，但要防止打滑；锯削软材料时，压力应小些，防止切如过深而产生咬住现象。

（8）锯削频率

锯削频率以每分钟 20~40 次为宜，锯削软材料时可快些，硬材料时要慢些。频率过快，锯条容易磨损，过慢则效率不高，必要时可加水或乳化液进行冷却，以减少锯条的磨损。

3. 锤头的锯削

按照所划加工界线进行锤头锯削，锯削时必须留一定的余量，防止锯歪，并应锯线的外边一侧。应先锯直面，后锯斜面。

（1）具体操作步骤（如表 1-14 所示）

表 1-14　锤头锯削操作步骤

操作步骤	操作方法图示或说明	所用工具	自检
准备工作		锯弓　锯条	
锯削 112 mm 长度尺寸，留 0.5 mm 锉削余量		锯弓　锯条	
锯削斜面，留 0.5 mm 锉削余量		锯弓　锯条	
锯削倒角 留 0.5 mm 锉削余量		锯弓　锯条	

（2）检测与反馈

锤头锯削质量的评价表如表1-15所示。

表1-15　锤头锯削加工检测评价表

项目	指标	分值	测评方式			备　注
			自检	互检	专检	
任务检测	锯削直线	20				
	锯削斜面	30				
	锯削尺寸	30				
职业素养	操作规范	5				
	安全文明生产	15				
合计		100				
综合评价						
心得						

五、锤头的锉削

锉刀对工件表面进行切削加工，使工件达到所要求的尺寸、形状和表面粗糙度，这种操作方法称为锉削。锉削一般是锯削或錾削之后的后续加工，是一种最基本的操作方法，应用十分广泛。

1. 锉刀

锉刀是锉削的主要工具，常用碳素工具钢T12、T13制成，并经热处理淬硬至HRC62~HRC67。锉刀较脆、易断，使用过程应注意保护。

（1）锉刀的结构

锉刀由锉身和锉柄两部分组成，结构如图1-15所示。锉刀面是锉削的主要工作面，一般在锉刀面的前端做成凸弧形，作用是便于锉削工件平面的局部。锉刀边是指锉刀的两侧面，有的其中一边有齿，另一边无齿，这样在锉削内直角工件时，可保护另一相邻的面。锉刀舌用来装锉刀柄。

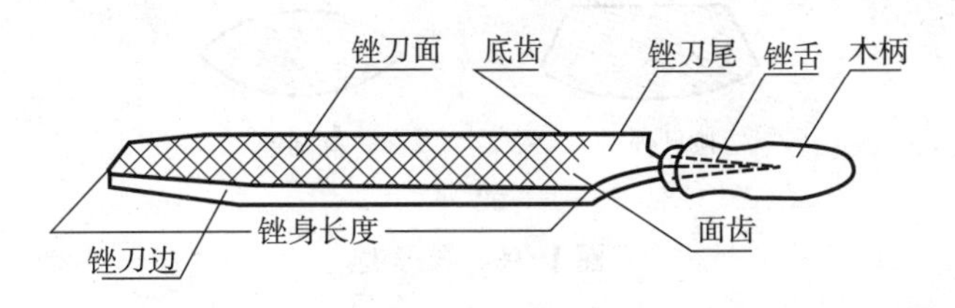

图1-15　锉刀结构

(2) 锉刀的种类

锉刀按用途的不同可分为普通锉刀、整形什锦锉刀和异形特种锉刀。

普通锉刀按其截面形状分为平锉、半圆锉、三角锉、方锉和圆锉5种，如表1–16所示。

表1–16 锉刀种类

名称	截面形状	应用实例
平锉		
半圆锉	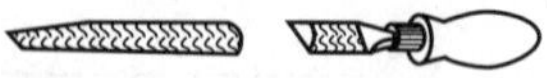	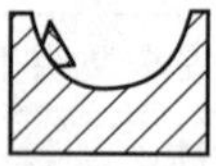
方锉		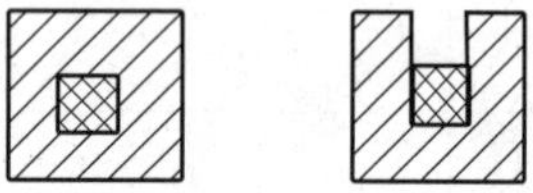
三角锉		
圆锉	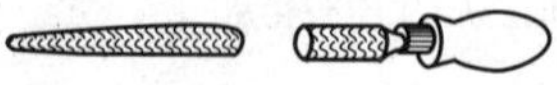	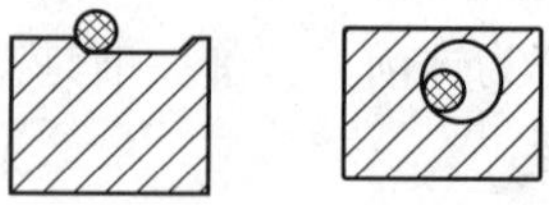

异形锉刀用来加工工件特殊表面，有刀口锉、菱形锉、扁三角锉、椭圆锉、圆肚锉等几种，如图1–16所示。

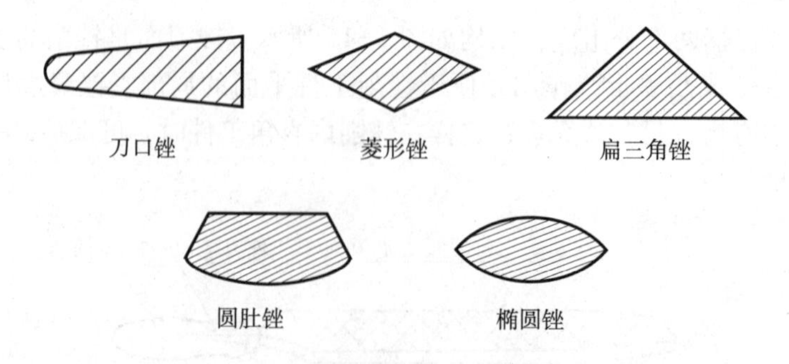

图1–16 异形锉

整形什锦锉刀又叫什锦锉或组锉，因分组配备各种断面形状的小锉而得名，主要用于修整工件上的细小部分，如图1–17所示：

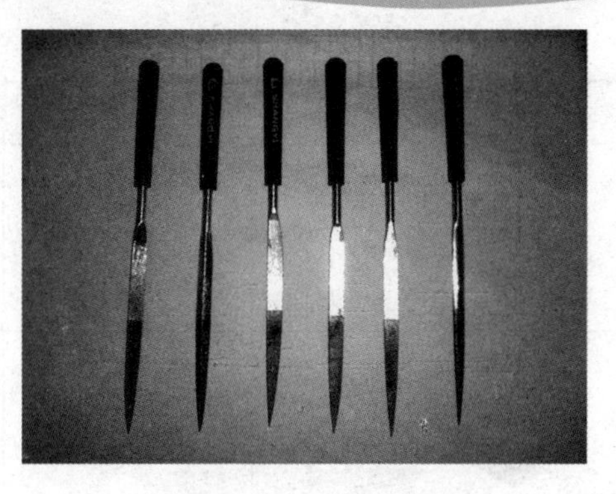

图 1-17　什锦锉

（3）锉刀的选用

每种锉刀都有一定的功用，如选择不合理，将直接影响锉削的质量。选择锉刀原则如下：

① 根据被锉削工件表面形状选用。锉刀形状应适应工件加工表面。

② 根据工件材料的性质、加工余量的大小、加工精度、表面粗糙度要求选择合适的锉刀。

2. 锤头的锉削

（1）锉削步骤

锤头锉削可分成三步进行，第一步为粗锉，锉削后留 0.5 mm 左右加工余量；第二步为细锉，保证各加工尺寸精度、表面粗糙度和几何公差；第三步为去毛刺，检查各加工尺寸精度、表面粗糙度和几何公差。锤头锉削具体操作步骤如表 1-17 所示。

表 1-17　锤头锉削加工步骤

操作步骤	操作方法图示或说明	所用工具	自检
准备工作		（略）	
以 *A* 基准面粗精加工上表面 保证 20±0.05		粗齿锉　中齿锉 细齿锉	
以 *B* 基准面粗精加工侧面 保证 20±0.05		粗齿锉　中齿锉 细齿锉	

续表

操作步骤	操作方法图示或说明	所用工具	自检
锉削斜面，保证 58 和 4 两尺寸		粗齿锉　中齿锉 细齿锉	
以 *C* 基准面粗精加工錾口部分，保证 112 尺寸。		粗齿锉　中齿锉 细齿锉	
粗精加工倒角		粗齿锉　中齿锉 细齿锉	

（2）检测与反馈

锤头锉削的质量评价如表 1-18 所示。

表 1-18　锤头锉削加工检测评价表

项目	指标	分值	测评方式			备　注
			自检	互检	专检	
任务检测	20±0.05（二处）	20				
	58	6				
	4	6				
	112	6				
	*C*3 倒角	10				
	⊥ 0.04（4 处）	20				
	// 0.05（2 处）	10				
	*Ra*3.2　（12 处）	12				
职业素养	工量具摆放	5				
	安全文明生产	5				
合计		100				
综合评价						
心得						

六、锤头的孔加工

孔加工是钳工重要的操作技能之一。按孔加工的操作方法、孔的形状及精度要求通常将孔分为钻孔、扩孔、锪孔和铰孔。用麻花钻在实体材料上加工出孔的方法称为钻孔；用扩孔刀具对工件上原有的孔进行扩大加工的方法称为扩孔；用锪钻在孔口表面锪出一定形状的加工方法称为锪孔；用铰刀从工件孔壁上切除微量金属层，以获得较高的尺寸精度和较小的表面粗糙度值，这种对孔进行精加工的方法称为铰孔。

1. 钻孔设备及使用

1）台式钻床

（1）台式钻床的结构和特点

台式钻床如图 1-18 所示，主要由工作台、立柱、升降机构、主轴、变速机构、进给机构、皮带张紧机构、电动机和控制开关组成。其特点是机构简单、操作方便，缺点是使用范围小，通常只能安装直径为 13 mm 以下的测直柄钻头。

图 1-18　台式钻床

（2）台式钻床的使用维护与保养

① 在使用过程中，工作台面必须保持清洁。

② 钻通孔时必须使钻头能通过工作台面上的让刀孔，或在工件下面垫上垫铁，以免钻坏工作台面。

③ 用完后必须将机床外露滑动面及工作台面擦干净，并对各滑动面及各注油孔加注润滑油。

2）手电钻

手电钻就是以交流电源或直流电池为动力的钻孔工具，是手持式电动工具的一种，如图 1-19 所示。其特点是销售量大、使用方便、应用广泛。手电钻主要由钻夹头、输出轴、齿轮、转子、定子、机壳、开关和电缆线组成。

图 1-19　手电钻

3）麻花钻

麻花钻是钳工孔加工的主要刀具，一般有碳素工具钢或高速钢制成。麻花钻由柄部、颈部和工作部分组成，如图 1-20 所示。

图 1-20　麻花钻

柄部：钻头的夹持部分，用以传递扭矩和轴向力。柄部分有直柄和锥柄两种，由于扭矩较大时，直柄容易打滑，通常直径小于 12 mm 的钻头做成直柄，大于 12 mm 的钻头做成莫氏锥柄。

颈部：刀体与刀柄的连接部分，在麻花钻制造过程中起退刀槽的作用。通常将麻花钻的规格、材料和商标标记在此处。

工作部分：包括导向部分和切削部分，分别起导向和切削作用。

（1）导向部分

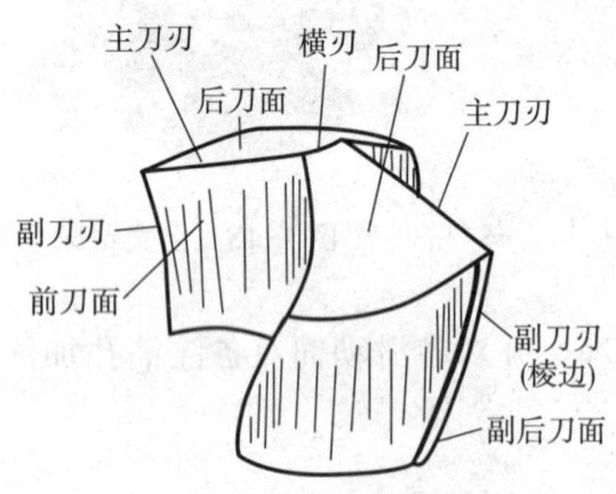

图 1-21　麻花钻切削部分结构

用来引导钻头正确的钻孔方向，又是钻头切削部分的备用部分。它有两条形状相同的螺旋槽，其作用是形成主切削刃的前角，并有容屑、排屑和输送冷却液的作用。为了减少钻头与孔壁的摩擦，导向部分的外缘处制成两条棱带，在直径上略有倒锥。

（2）切削部分

切削部分由两条主切削刃和一条横刃组成，切削部分的各几何要素名称如图 1-21 所示。

2. 工件的装夹

在钻孔时，为保证钻孔的质量和安全，应根据工件的不同形状和切削力的大小，采用不同的装夹方法。

（1）外形平整的工件可用平口钳（台虎钳）装夹（图 1-22）

（2）圆柱形工件，可用 V 形铁装夹（图 1-23）

图 1-22　台虎钳

图 1-23　V 形铁

（3）较大工件且钻孔直径在 12 mm 以上时，可用压板夹持的方法装夹（图1-24）

（4）薄板或小型工件，可用手虎钳夹持（图 1-25）

图 1-24　压板

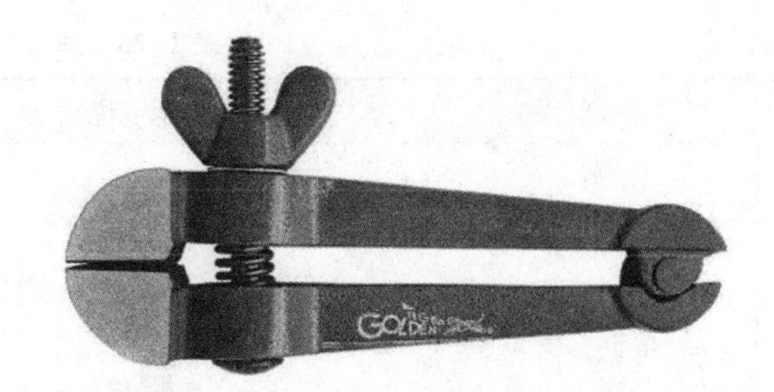

图 1-25　手虎钳

（5）圆柱形工件端面上钻孔，可用三爪卡盘进行装夹（图 1-26）

3. 钻孔的方法

（1）起钻

钻孔前，应在工件钻孔中心位置用样冲冲出样冲眼，以便找正。钻孔时，先使钻头对准钻孔中心轻钻出一个浅坑，观察钻孔位置是否正确，如有误差应及时校正，使浅坑与中心同轴。

（2）手动进给操作

当起钻达到钻孔位置要求后，即可进行钻孔。

① 进给时用力不可太大，以防钻头弯曲，使钻孔轴线歪斜。

图 1-26　三爪卡盘

② 钻深孔或小直径孔时，进给力要小，并经常退钻排屑，防止切屑阻塞而折断钻头。

③ 孔将钻通时，进给力必须减小，以免进给力突然过大，造成钻头折断或使工件随钻头转动造成事故。

4. 钻孔切削液的选用

钻孔时应加注足够的切削液，以达到钻头散热、减少摩擦、消除积屑瘤、降低切削阻力、提高钻头寿命、改善孔的表面质量的目的。钻孔所用切削液如表 1-19 所示。

表 1-19　钻孔时切削液的选用

工件材料	适用切削液
各类结构钢	3%～5%乳化液或 7%硫化乳化液
不锈钢、耐热钢	3%肥皂水加 2%亚麻油水溶液或硫化切削油

5. 锤头的钻孔

（1）锤头钻孔的操作步骤

用平口钳夹紧工件，先在样冲眼处钻一浅坑，观察孔的位置是否正确，并不断校正，使浅坑与划线圆同轴，手动进给，直至钻到要求深度，具体操作步骤如表1-20所示。

表1-20　锤头钻孔操作步骤

操作步骤	操作方法图示或说明	所用工具	自检
准备工作		台虎钳	
划出孔位置线		高标	
打样冲眼		样冲、手锤	
钻 ϕ8.7的孔		钻床、钻头	

（2）检测与反馈

锤头钻孔的质量评价，如表1-21所示。

表1-21　锤头钻孔加工检测评价表

项目	指标	分值	测评方式			备　注
			自检	互检	专检	
任务检测	划线、打样冲眼	20				
	孔径	10				
	40mm尺寸	30				

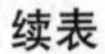

续表

项目	指标	分值	测评方式			备 注
			自检	互检	专检	
职业素养	正确选用工量刃具	10				
	安全操作	20				
	文明生产	10				
合计		100				
综合评价						
心得						

七、锤头的螺纹加工

螺纹连接是机械设备中最常见的一种可拆卸的固定连接方式，它具有结构简单、连接可靠、拆装方便等优点。对于小直径、一般精度要求的内螺纹通常用钳工来加工完成。内螺纹加工是钳工技能训练的重要内容之一，用丝锥在工件孔中切削出螺纹的加工方法称为攻螺纹，又称攻丝。

1. 攻螺纹所用工具

1）丝锥

丝锥是一种成形多刃刀具，丝锥的种类有手用丝锥、机用丝锥及管螺纹丝锥等，如图 1-27 所示。手用丝锥常用合金工具钢 9SiCr 制造，机用丝锥用高速钢 W18Cr4V 制造。

图 1-27 丝锥

（1）丝锥的结构

丝锥的结构如图 1-28 所示。丝锥由工作部分（包括切削部分和校准部分）和柄部组成。丝锥沿轴向开有几条容屑槽，以形成切削部分锋利的切削刃，起主要切削作用。切削部分前端磨出切削锥角，使切削负荷分布在几个刀齿上，切削省力，便于进入。丝锥校准部分有完整的牙型，用来修光和校准已切出的螺纹，并引导丝锥沿轴向前进。丝锥柄部有方榫，用来夹持并传递扭矩。

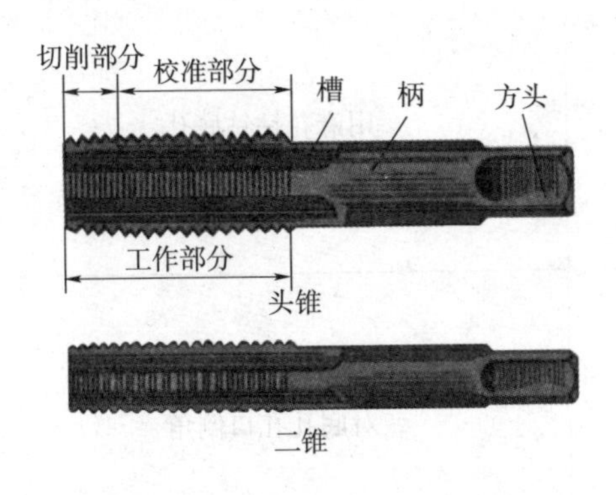

图 1-28 丝锥的结构

（2）成组丝锥切削用量分配

为了减少切削力和延长丝锥使用寿命，一般将整个切削工作量分配给几支丝锥来承担。通常 M6～M24 的丝锥每组有两支；M6 以下及 M24 以上的丝锥每组有三支；细牙丝锥为两支一组。成组丝锥中，对每支丝锥切削量的分配以下有两种方式：

① 锥形分配法，即一组丝锥中，每支丝锥的大径、中径、小径都相等，切削部分的切削锥角及长度不等。锥形分配切削量的丝锥也叫等径丝锥。当攻制通孔螺纹时，用头锥一次切削即可加工完毕，二锥、三锥则用得较少。一组丝锥中，每支丝锥的磨损很不均匀，由于头锥经常攻削，所以头锥一般变形严重，加工表面粗糙。一般 M12 以下的丝锥采用锥形分配。

② 柱形分配法，头锥、二锥的大径、中径、小径都比三锥小；头锥、二锥的中径相同，大径不同，头锥大径小，二锥大径大。柱形分配切削量的丝锥也叫不等径丝锥。这种丝锥的切削量分配比较合理，三支一套的丝锥按 6：3：1 分担切削量，两支一套的丝锥按 7：5：2.5 分担切削量，切削省力，各锥磨损量差别小，使用寿命长。一般 M12 以上的丝锥采用柱形分配。

2）铰杠

铰杠是手工攻螺纹时用来夹持丝锥的工具，分普通铰杠和丁字铰杠两种。常用的普通铰杠如图 1-29 所示。

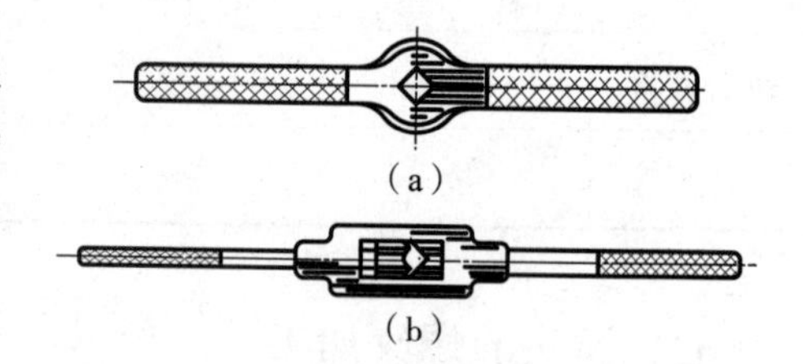

图 1-29　铰杠

（a）固定式；（b）活动式

铰杠的方孔尺寸和手柄的长度都有一定的规格，使用时应按丝锥尺寸的大小，按表 1-22 合理选用。

表 1-22　铰杠规格和丝锥范围

铰杠规格/mm	150	225	275	375	475	600
丝锥范围	M5~M8	>M8~M12	>M12~M14	>M14~M16	>M16~M22	M24

2. 攻螺纹的步骤和方法

（1）攻螺纹的步骤

攻螺纹的步骤如表 1-23 所示。

表 1-23　攻螺纹的步骤

步　骤	图　示	说　明
钻底孔		用麻花钻钻底孔
倒角		对底孔孔口倒角

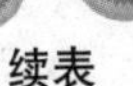

续表

步　骤	图　示	说　明
攻头锥		用头锥起攻
攻二锥		用二锥攻螺纹
攻三锥		必要时用三锥
检验		用同规格的螺钉旋合检验

（2）攻螺纹的方法

① 用头锥起攻，起攻时，用右手握住铰杠中间，沿丝锥轴线方向用力加压，左手与之配合将铰杠顺向旋进；或用两手同时握住铰杠的两端均匀施加压力，并保持丝锥中心与底孔中心重合的同时作顺时针转动。当丝锥攻入 1~2 圈时，可目测或用角尺前后左右检测丝锥与工件是否垂直，并不断校正直至达到要求，如图 1-30 所示。

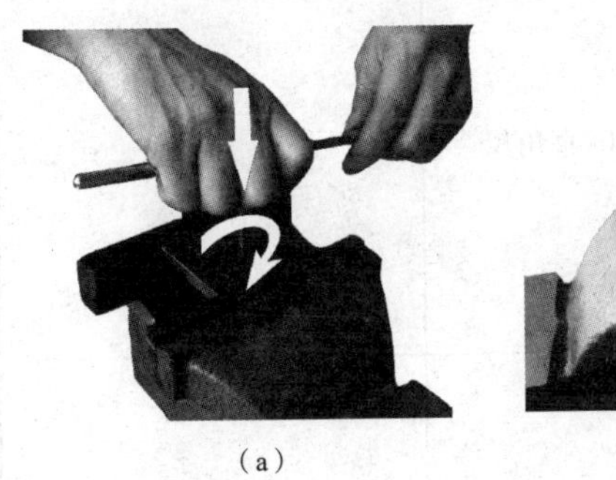

（a）

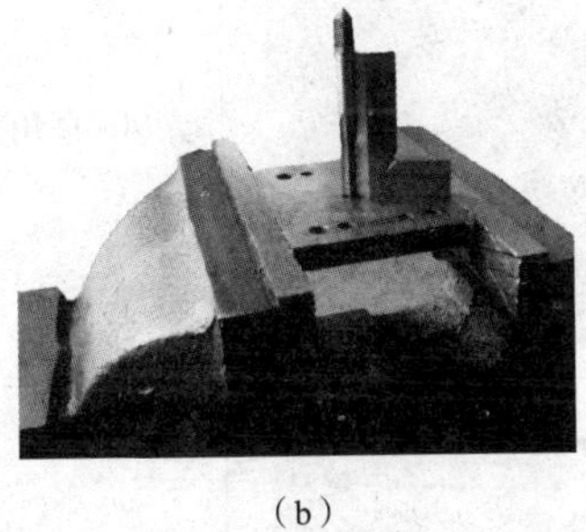

（b）

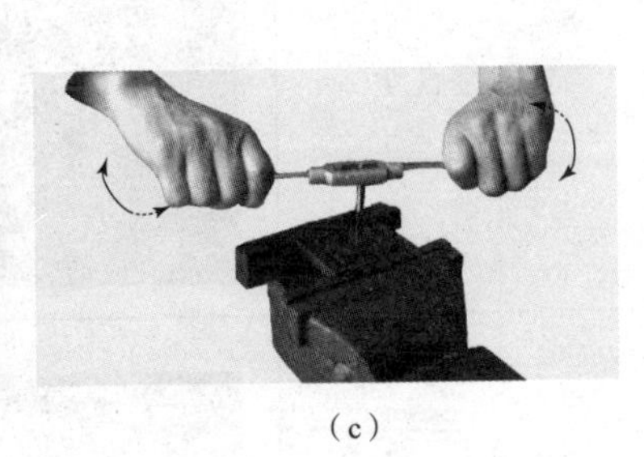

（c）

图 1-30　攻螺纹过程

（a）起攻方法；（b）检查方法；（c）攻制过程

② 当丝锥切削部分进入工件 2~3 圈后，就不需施加压力，两手可平稳地继续转动铰杠，并要经常倒转 1/4~1/2 圈，使切屑碎断、排除，以减少阻力。

③ 攻好后可从上或下旋出丝锥。

3. 锤头的攻丝

（1）锤头的攻丝步骤

锤头攻丝的具体操作步骤如表 1-24 所示。

表 1-24　锤头攻丝步骤

操作步骤	操作方法图示或说明	所用工具	自检
准备工作	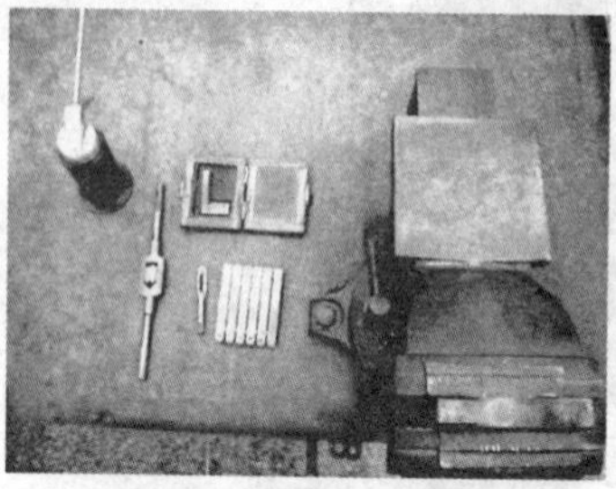	（略）	
钻底孔 $\phi 8.7$		台式钻床 钻头	
起攻螺纹孔		铰杠 丝锥	
检测垂直度		90°直角尺	
加润滑油	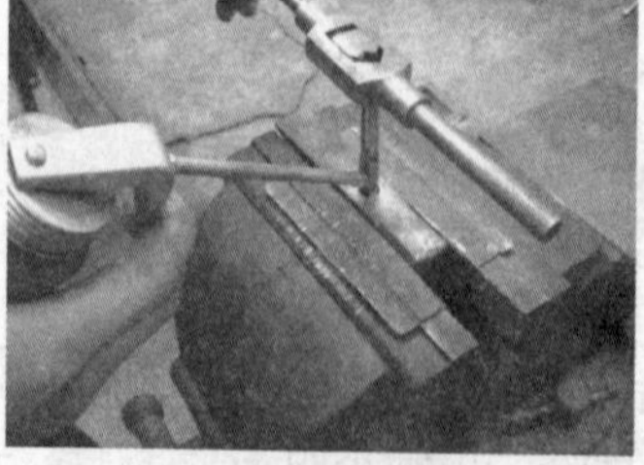	（略）	

续表

操作步骤	操作方法图示或说明	所用工具	自检
完成		（略）	
检验		同规格的螺栓	

（2）检测与反馈

锤头攻丝的质量评价，如表 1-25 所示。

表 1-25　锤头攻丝加工检测评价表

项目	指标	分值	测评方式			备　注
			自检	互检	专检	
任务检测	牙型完整	25				
	螺纹深度 15 mm	20				
	⊥ 0.04	25				
	表面粗糙度 *Ra*6.3	20				
职业素养	工量具摆放	5				
	安全生产	5				
合计		100				
综合评价						
心得						

任务总结

任务完成后对作品作全面的检测评价，并把自己的体会或发现记录在下列横线上：

任务二　制作锤柄

训练目标

掌握套丝的方法。

任务布置

根据图示要求，在已加工好的光杆上加工螺纹，并与锤头旋合。

任务分析

如图1-31可见，制作锤柄的光杆已加工完成，只需按图纸要求在相应位置加工出螺纹即可。

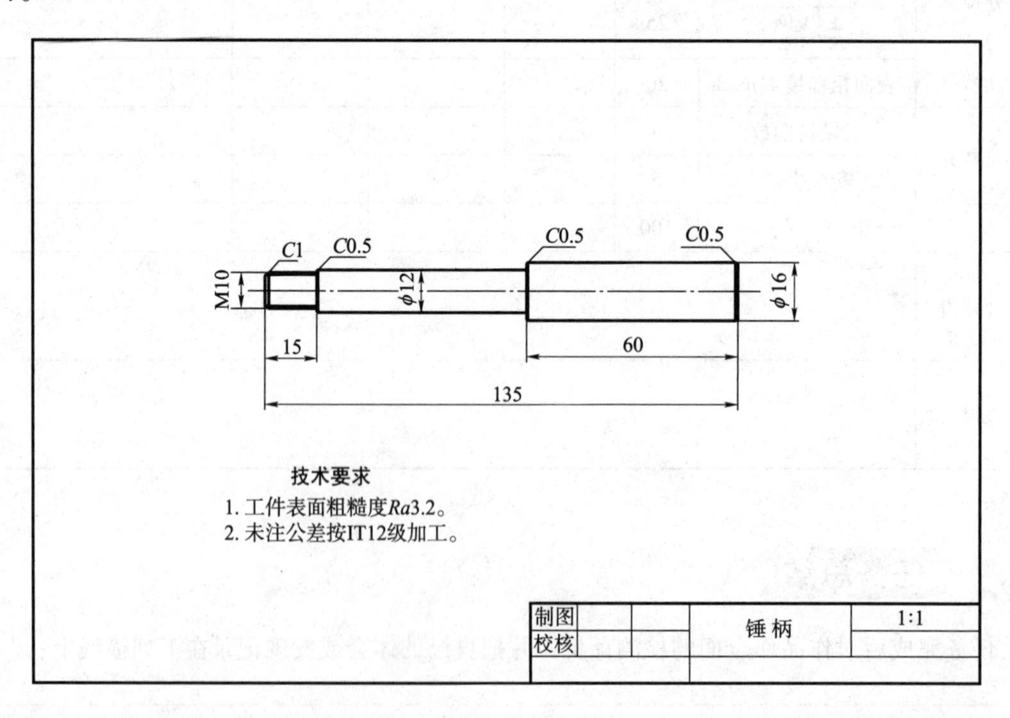

图1-31　锤柄

任务实施

一、螺纹切削

一般指用成形刀具或磨具在工件上加工螺纹的方法，主要有车削、铣削、攻丝、套丝、磨削、研磨和旋风切削等。车削、铣削和磨削螺纹时，工件每转一转，机床的传动链保证车刀、铣刀或砂轮沿工件轴向准确而均匀地移动一个导程。在攻丝或套丝时，刀具（丝锥或板牙）与工件做相对旋转运动，并由先形成的螺纹沟槽引导着刀具（或工件）做轴向移动。

二、螺纹滚压

用成形滚压模具使工件产生塑性变形以获得螺纹的加工方法。螺纹滚压一般在滚丝机、搓丝机或在附装自动开合螺纹滚压头的自动车床上进行，适用于大批量生产标准紧固件和其他螺纹连接件的外螺纹。滚压螺纹的外径一般不超过25 mm，长度不大于100 mm，螺纹精度可达2级（GB/T 15054. 4—1994），所有坯件的直径大致与被加工螺纹的中径相等。滚压一般不能加工内螺纹，但对材质较软的工件可用无槽挤压丝锥冷挤内螺纹（最大直径可达30 mm左右），工作原理与攻丝类似。冷挤内螺纹时所需扭矩约比攻丝大1倍，加工精度和表面质量比攻丝略高。

螺纹滚压的优点是：表面粗糙度小于车削、铣削和磨削；滚压后的螺纹表面因冷作硬化而能提高强度和硬度；材料利用率高；生产率比切削加工成倍增长，且易于实现自动化；滚压模具寿命很长。但滚压螺纹要求工件材料的硬度不超过HRC40；对毛坯尺寸精度要求较高；对滚压模具的精度和硬度要求也高，制造模具比较困难；不适于滚压牙形不对称的螺纹。

按滚压模具的不同，螺纹滚压可分搓丝和滚丝两类。

三、套螺纹所用工具

套螺纹所用工具如表1-26所示。

表1-26　套螺纹工具

名　称	图　示	说　明
板牙		套丝专用工具

四、套螺纹的步骤和方法

套螺纹的步骤和方法如表1-27所示。

表 1-27　套螺纹步骤

步　　骤	图　　示	说　　明
准备工作	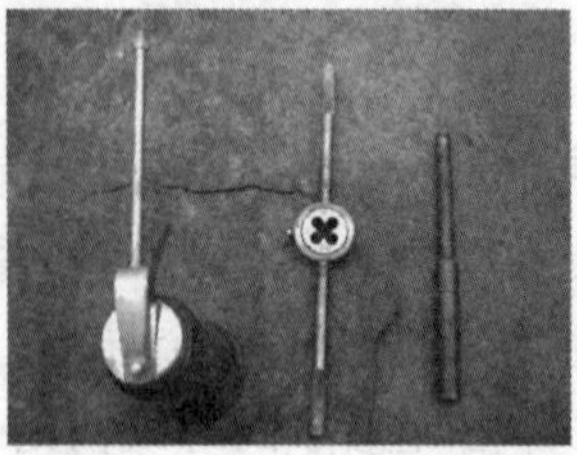	
装夹光杆		尽量与水平线保持垂直
旋入板牙并加润滑油	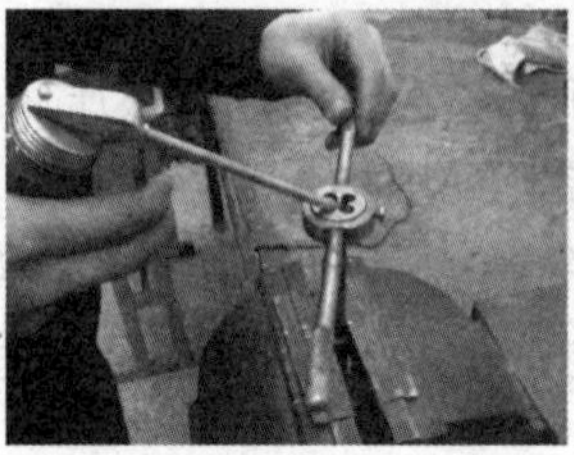	
完成		逆向旋出板牙

五、锤柄的套丝

（1）锤柄的套丝步骤

锤柄套丝的具体操作步骤如表 1-28 所示。

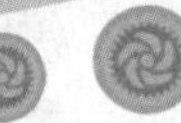

表 1-28 锤柄套丝步骤

操作步骤	操作方法图示或说明	所用工具	自检
准备工作			
装夹锤柄		台虎钳	
选入板牙并加润滑油		板牙 润滑油	
完成			

（2）检测与反馈

锤柄套丝的质量评价，如表1-29所示。

表1-29　锤柄套丝加工检测评价表

项目	指标	分值	测评方式			备　注
			自检	互检	专检	
任务检测	牙型完整	30				
	螺纹长度	30				
	表面粗糙度 *Ra*6.3	20				
职业素养	安全生产	10				
	工量具摆放	10				
合计		100				
综合评价						
心得						

任务总结

任务完成后对作品作全面的检测评价，并把自己的体会或发现记录在下列横线上：

项目二

锉配 T 型镶配件

【项目概述】

在装配过程中某些零件往往需要钳工进行修正后，才能达到配合要求。因此，锉配操作是钳工的重要训练项目。通过锉配操作练习，不仅能巩固和提高零件加工的技能与技巧，还能进一步提高实际判断和应变的能力。

任务一　加工前的准备工作

训练目标

1. 了解锉配的定义。
2. 熟悉锉配的特点。
3. 学会正确安装和使用杠杆百分表。
4. 了解杠杆百分表安全使用注意事项。
5. 掌握用百分表测量平面度、对称度的方法。
6. 掌握基本形体的测量方法及操作要点。

任务布置

根据如图 2-1、图 2-2、图 2-3 所示的 T 型镶配锉配零件图，按照其技术要求，学习巩固相关知识，正确合理选用制作凹凸体所需要的工具、量具、刃具及设备。

任务分析

加工如图 2-1、图 2-2、图 2-3 所示的工件，能正确使用百分表测量工件的对称度、平面度，并具备熟练的錾削技能。

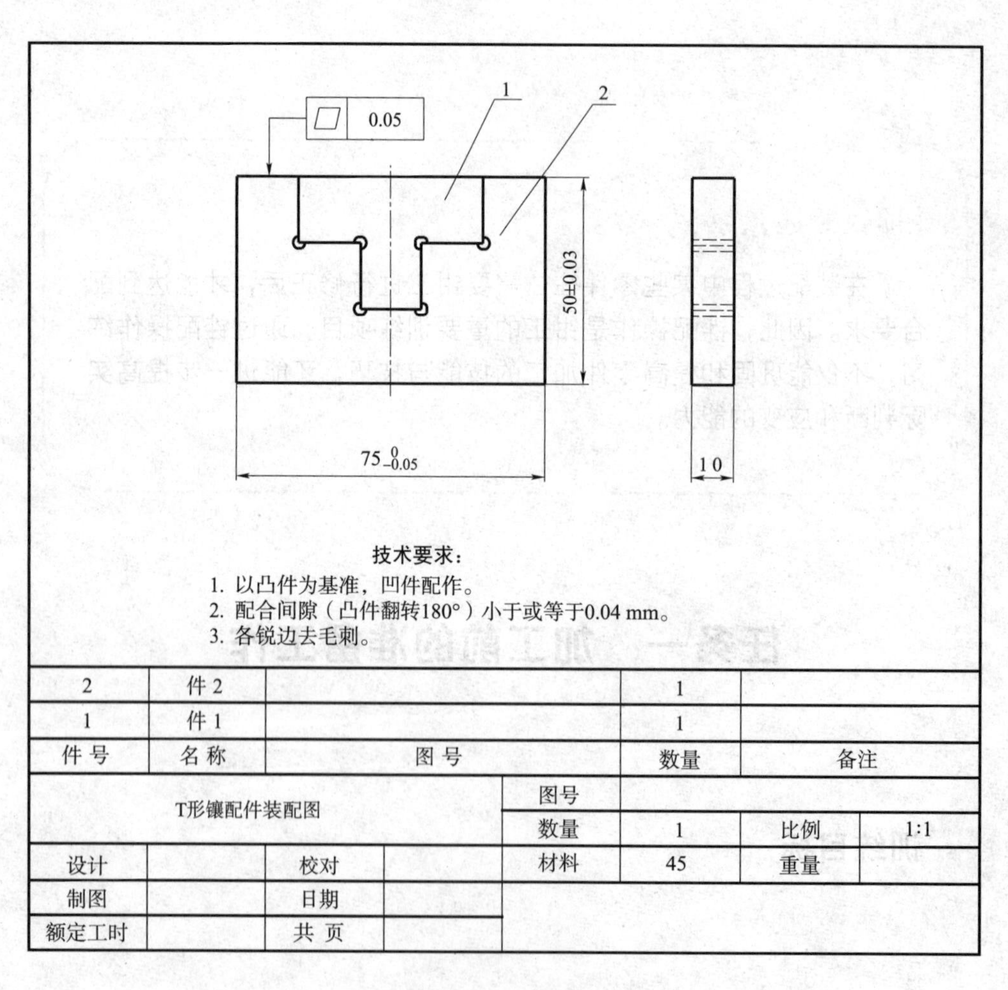

图 2-1　装配图

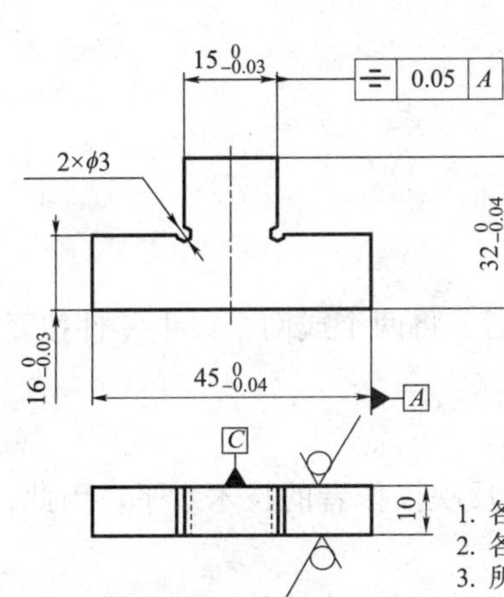

技术要求：

1. 各锉削加工面的平面度不大于0.03 mm。
2. 各锉削加工面与基准C面的垂直度不大于0.03 mm。
3. 所有锉削加工面表面粗糙度Ra3.2。

件1				图号			
				数量	1	比例	1:1
设计		校对		材料	45	重量	
制图		日期					
额定工时		共 页					

图 2-2　件 1

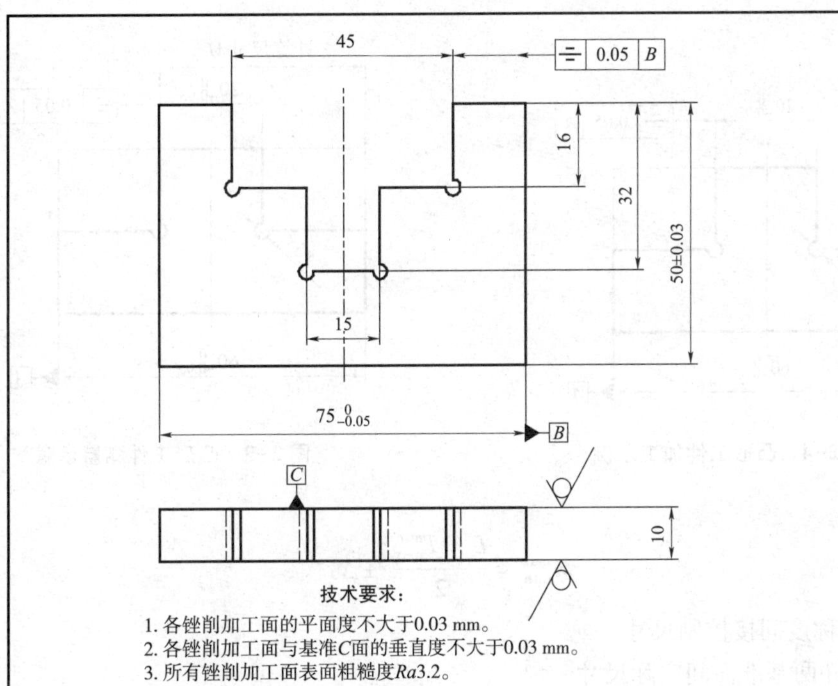

技术要求：

1. 各锉削加工面的平面度不大于0.03 mm。
2. 各锉削加工面与基准C面的垂直度不大于0.03 mm。
3. 所有锉削加工面表面粗糙度Ra3.2。

件2				图号			
				数量	1	比例	1:1
设计		校对		材料	45	重量	
制图		日期					
额定工时		共 页					

图 2-3　件 2

任务实施

（一）相关知识

1. 锉配

（1）锉配的定义

锉配是利用锉削方法对零件修整或加工后，将两个或两个以上零件按要求装配在一起，并能达到规定配合要求的一种操作。

（2）锉配的特点

① 锉配是钳工综合训练项目，它能充分反映操作者的技术水平。因此，在技能比赛或技能鉴定中常以锉配为题材。

② 锉配对加工工艺的要求非常严格，制定加工工艺的基本原则是：前一道工序不能影响后续工艺的加工和测量。如图 2-4 所示的凸形工件，若将凸形两侧同时锯掉，会造成对称度用常用量具无法测量的情况；再如，钻 $\phi3$ 工艺孔之前锯掉两侧余料，将会导致工艺孔难以加工。

③ 测量复杂，尺寸换算较多，需要操作者有一定的计算能力，如凸形尺寸及对称度的测量，如图 2-5 所示。

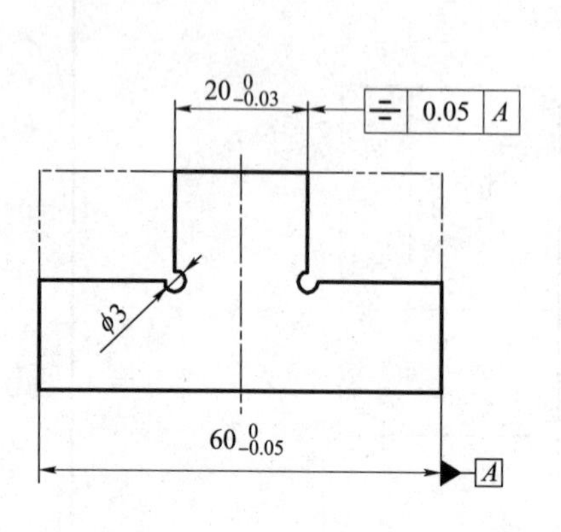

图 2-4　凸形工件加工示例

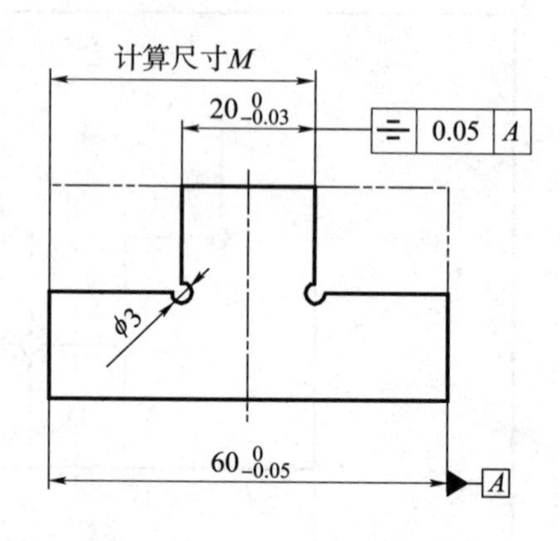

图 2-5　凸形工件测量示意

$$M_{\min}^{\max} = \frac{L + T_{\max}^{\min}}{2} \pm \Delta$$

M——对称度间接控制尺寸

L——工件两基准面间实际尺寸

T——凸台尺寸

Δ——对称度误差最大允许值

例：如图 2-5 所示，如工件两基准面间实际尺寸为 59.98 mm，确定 M 的尺寸和偏差。

$$M_{\min}^{\max} = \frac{L + T_{\max}^{\min}}{2} \pm \Delta$$

$$L=59.98 \qquad T=20_{-0.03}^{\ 0} \qquad \Delta=0.05$$

$$M^{max}=\frac{L+T^{min}}{2}+\Delta$$

$$=\frac{59.98+20-0.03}{2}+0.05=40+0.025$$

$$M_{min}=\frac{L+T_{max}}{2}-\Delta$$

$$=\frac{59.98+20+0}{2}-0.05=40-0.04$$

所以 M 尺寸偏差为：$M_{min}^{max}=40_{-0.04}^{+0.025}$

④ 要求加工精度高，尺寸、几何公差相互制约。如图 2-6 所示的内六角锉配。若对边三组尺寸不一样或六边不等长，以及角度（120°）不一致，都会造成内六角不能转位装入。

⑤ 锉配也叫“公、母”配合，一般以“公”作为基准件，且有具体的尺寸和形位公差要求，而“母”通常不标注具体的尺寸和形位公差（但不是没有尺寸和形位公差要求，而是要根据基准件和配合件的实际尺寸、配合要求进行计算确定）。在考核项目中，大部分分值都分配在基准件和配合间隙中。

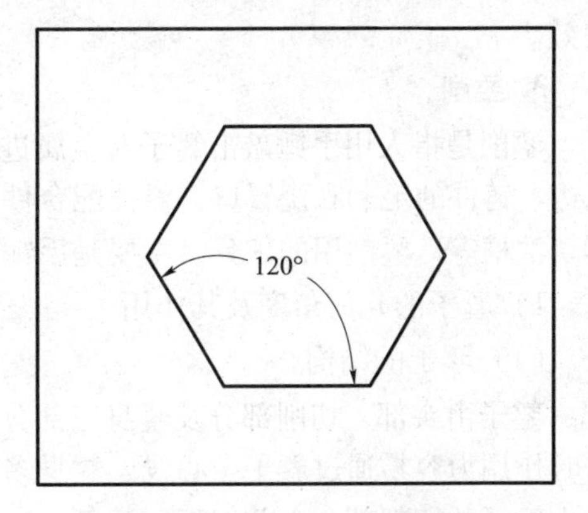

图 2-6　内六角锉配示意图

2. 杠杆百分表

（1）杠杆百分表的结构

杠杆百分表是指针类量仪，其特点是将指示出被测物体的尺寸变化导致的测量杆的微小直线位移，经机械放大后转换为指针的旋转或角位移，在刻度表盘上指示测量结果。杠杆百分表分度值为 0.01 mm。杠杆百分表的工作原理是利用杠杆——齿轮（或杠杆——螺旋）作传动机构，将被测尺寸微小变化（测杆摆动）转换为指针回转运动，具体结构如图 2-7。

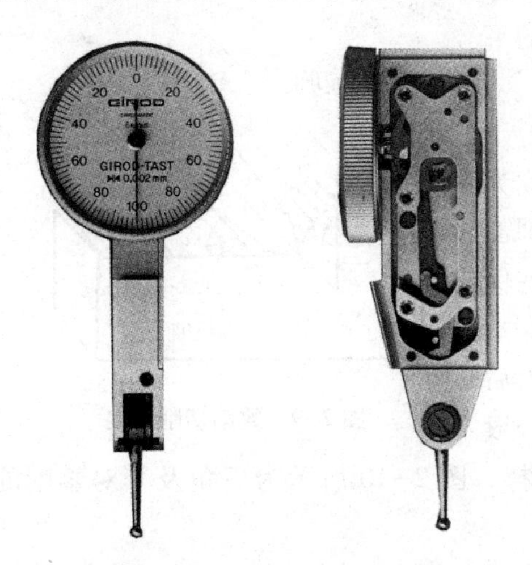

图 2-7　杠杆百分表

（2）百分表的应用

在锉配和零件加工中，常用百分表来测量对称度、平面度、平行度等形位公差。图 2-8 所示为对称度的测量。

（3）百分表使用时的注意事项

① 使用时要仔细，测量尺寸不要过大，以免损坏机件，加剧测量头的磨损。

② 不允许测量表面粗糙度过大或有明显凹凸的工作表面。

③ 应避免剧烈震动或碰撞，杜绝测量头突然撞击在被测表面上，以防测杆弯曲变形，更不能敲打表的任何部位。

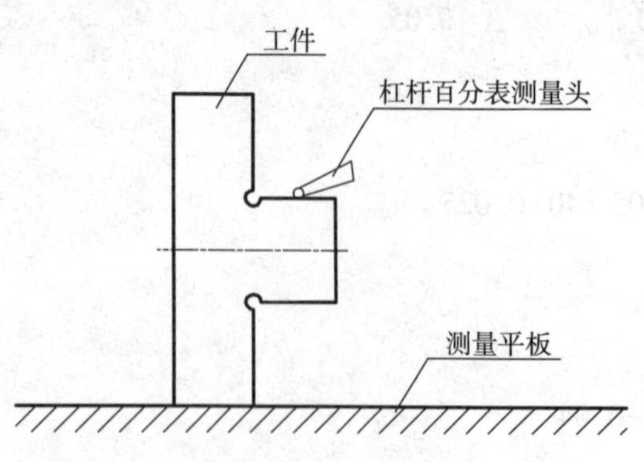

图 2-8　测量对称度、平面度、平行度

④ 在遇到测量杆移动不灵活或发生阻滞时，不允许用强力推压测头，应送交计量部门检查修理。

⑤ 不要把百分表放在磁场附近，以免造成机件磁化，降低灵敏度或精度。

⑥ 不使用时，应使测量头处于自由状态，避免有任何压力加在上面。

⑦ 不能与锉刀、錾子等工具堆放在一起，以免擦伤、碰毛精密测量杆，或打碎玻璃表盖等。

⑧ 使用完毕后，必须用干净的布或软纸将各部分擦干净，然后装入专用的盒子内，并使测量杆处于自由状态，以免表内弹簧失效。

3. 錾削

錾削是指人用手锤敲击錾子对金属进行切削加工的操作。目前錾削一般用来錾掉锻件的飞边、铸件的毛刺和浇冒口，錾掉配合件凸出的错位、边缘及多余的一层金属，分割板料和錾切油槽等。錾削用的工具，主要是手锤和錾子。錾子是最简单的一种刀具。

1）錾子的几何角度及其作用

（1）錾子的结构

錾子由头部、切削部分及錾身三部分组成，头部有一定的锥度，顶端略带球形，以便锤击时作用力容易通过錾子中心线，錾身多呈八棱形，以防止錾子转动。

錾子的切削部分由前刀面、后刀面以及它们交线形成的切削刃组成。

前刀面：切屑流经的表面。

后刀面：与切削表面相对的表面。

切削刃：前刀面与后刀面的交线。

基面：通过切削刃上任一点与切削速度垂直的平面。

切削平面：遇过切削刃任一点与切削表面相切的平面，图 2-9 中切削平面与切削表面重合。

（2）錾削时形成的角度

① 楔角 β_0：錾子前刀面与后刀面之间的夹角称为楔角。楔角大小对錾削有直接影响，楔角越大，切削部分强度越高，錾削阻力越大。所以选择楔角大小应在保证足够强度的情况下，尽量取小的数值。

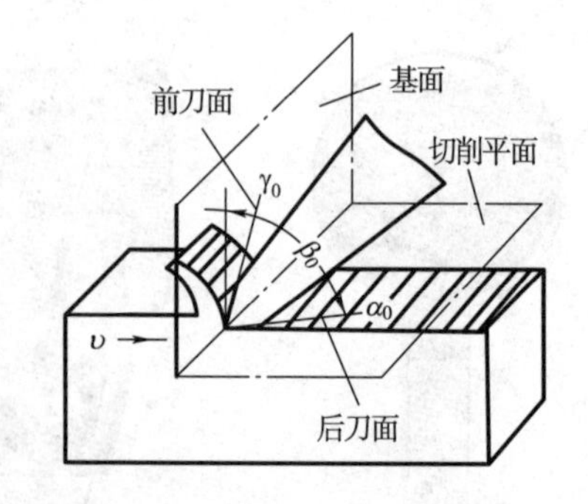

图 2-9　錾削切削角度

② 后角 α_0：后刀面与切削平面之间的夹角称为后角，后角的大小由錾削时錾子被掌握的位置决定。一般取 5°~8°，作用是减小后刀面与切削平面之间的摩擦，图 2-10 所示为后角及其对錾削的影响。

③ 前角 γ_0：前刀面与基面之间的夹角，作用是錾切时，减小切屑的变形。前角愈大，

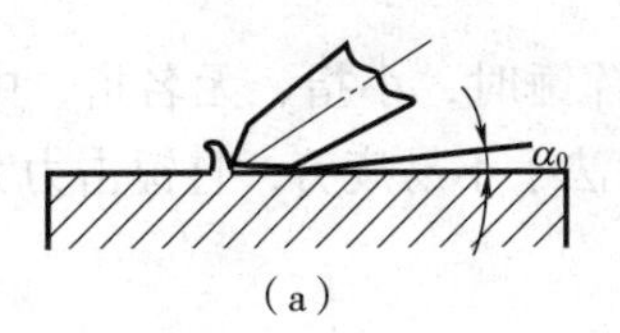

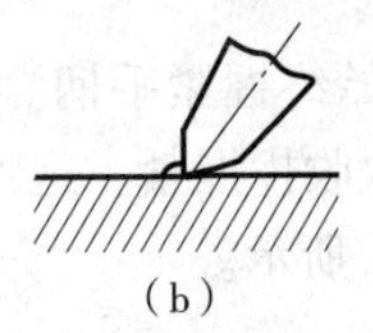

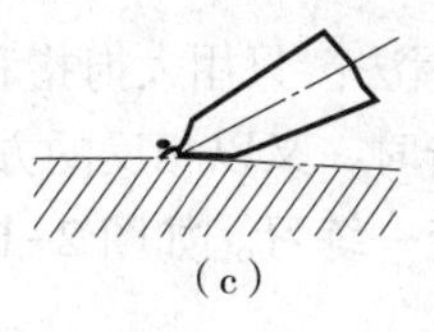

图 2-10　后角及其对錾削的影响

（a）后角 α_0；（b）后角太大；（c）后角太小

錾切越省力。由于基面垂直于切削平面，存在 $\alpha_0+\beta_0+\gamma_0=90°$ 关系，当后角 α_0 一定时，前角 γ_0 的数值由楔角 β_0 的大小决定。

2）錾子的材料、种类和构造

① 錾子一般用碳素工具钢锻成，然后将切削部分刃磨成楔形，经热处理后其硬度达到 HRC 56~HRC 62。

② 錾子种类（图 2-11）：钳工常用的錾子有阔錾（扁錾）、狭錾（尖錾）、油槽錾和扁冲錾四种。

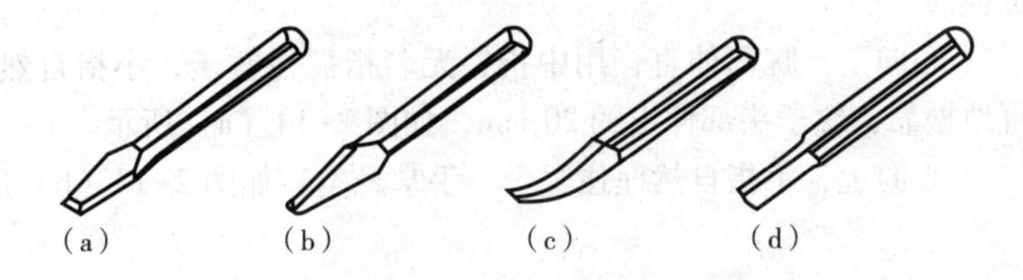

图 2-11　常用錾子

（a）阔錾；（b）狭錾；（c）油槽錾；（d）扁冲錾

阔錾用于錾切平面，切割和去毛刺；狭錾用于开槽；油槽錾用于切油槽；扁冲錾用于打通两个钻孔之间的间隔。

3）手锤

手锤是钳工常用的敲击工具，由锤头、木柄和楔子组成，如图 2-12 所示。手锤的规格以锤头的重量来表示，有 0.46 kg、0.69 kg、0.92 kg 等。锤头用 T7 钢制成，并经热处理淬硬。木柄用比较坚韧的木材制成，常用 0.69 kg 手锤柄长约 350 mm，木柄装在锤头中，必须稳固可靠，要防止脱落造成事故。为此，装木柄的孔做成椭圆形，且两端大中间小。木柄敲紧在孔中后，端部再打入楔子可防松动。木柄做成椭圆形防止锤头孔发生转动以外，握在手中也不易转动，便于进行准确敲击。

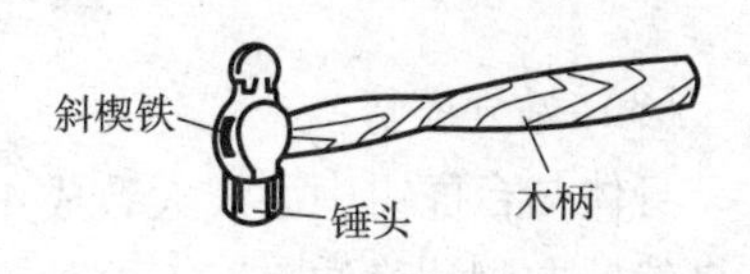

图 2-12　手锤

4）錾削姿势

（1）手锤的握法

① 紧握法：用右手五指紧握锤柄，大拇指合在食指上，虎口对准锤头方向（木柄椭圆的长轴方向），木柄尾部露出 15~30 mm。在挥锤和锤击过程中，五指始终紧握。如图 2-13（a）

所示。

② 松握法：只用大拇指和食指始终握紧手柄。在挥锤时，小指、无名指、中指依次放松；在锤击时，又以相反的方向依次收拢握紧。这种握法手不易疲劳，且锤击力大，故在本课题中做统一练习。如图 2-13（b）所示。

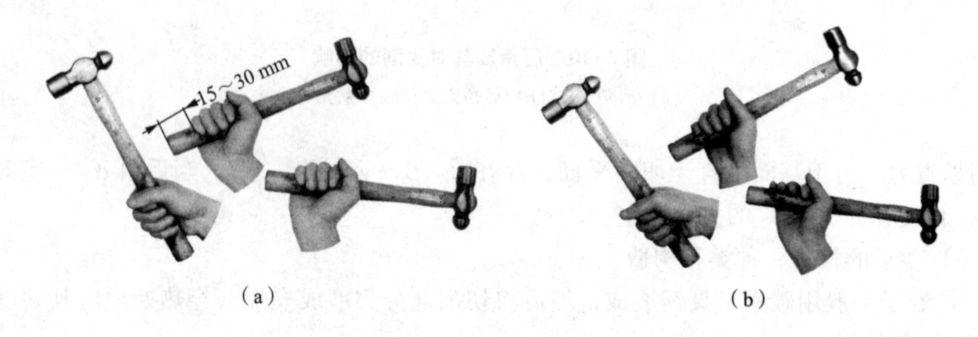

图 2-13　手锤的握法
（a）紧握法；（b）松握法

（2）錾子的握法

① 正握法：手心向下，腕部伸直，用中指、无名指握住錾子，小指自然合拢，食指和大拇指自然伸直地松靠，錾子头部伸出约 20 mm，如图 2-14（a）所示。

② 反握法：手心向上，手指自然捏住錾子，手掌悬空，如图 2-14（b）所示。

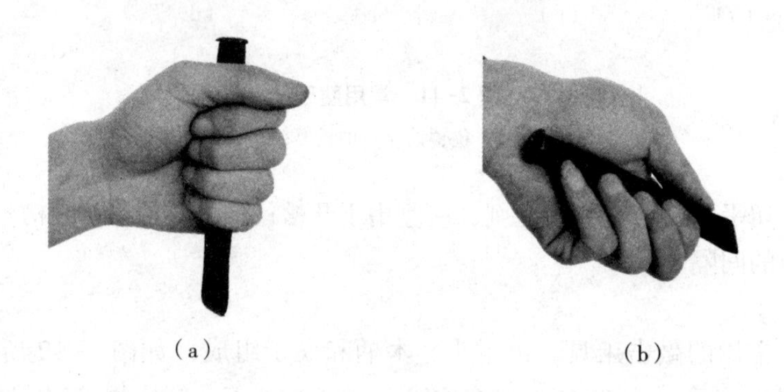

图 2-14　錾子的握法
（a）正握法；（b）反握法

（3）站立姿势

身体与台虎钳中心线大致成 45°角，且略向前倾，左脚跨前半步，膝盖处稍有弯曲，保持自然，右脚站稳伸直，不要过于用力，如图 2-15 所示。

（4）挥锤方法

挥锤有腕挥、肘挥和臂挥三种方法。

① 腕挥是仅用手腕的动作来进行锤击运动，采用紧握法握锤，一般仅用于錾削余量较少及錾削开始或结尾，如图 2-16（a）所示。

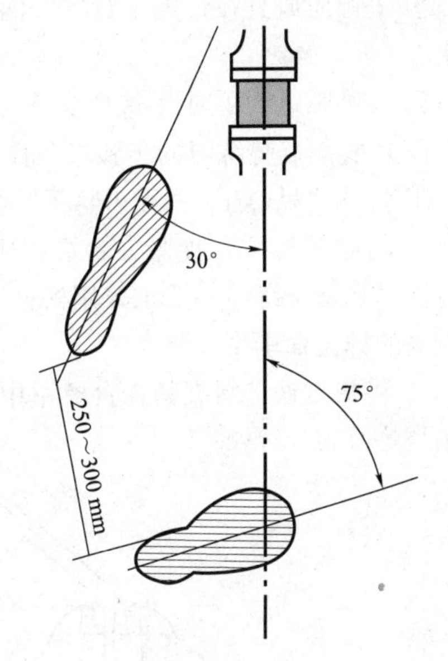

图 2-15　站立姿势

② 肘挥是用手腕与肘部一起挥动作锤击运动，采用松握法握锤，因挥动幅度较大，锤击力大，应用最广，如图 2-16（b）所示。

③ 臂挥是手腕、肘和全臂一起挥动，其锤击力最大，用于需大力錾削的工件如图 2-16（c）所示。

（5）锤击速度

錾削时的锤击稳、准、狠，其动作要一下一下有节奏地进行，一般肘挥时约 40 次/分钟，腕挥约 50 次/分钟。

手锤敲下去应具有加速度，以增加锤击的力量。手锤从它的质量和手臂供给它速度（V）获得动能计算公式：$W=\frac{mv^2}{2}$，故手锤质量增加一倍，动能增加一倍，速度增加一倍，动能将是原来的四倍。

（a）

（b）

（c）

图 2-16　挥锤方法
（a）腕挥；（b）肘挥；（c）臂挥

（6）锤击要领

① 挥锤：肘收臂提，举锤过肩，手腕后弓，三指微松，锤面朝天，稍停瞬间。

② 锤击：目视錾刃，臂肘齐下，收紧三指，手腕加劲，锤錾一线，锤走弧形，左脚着力，右腿伸直。

③ 要求：稳——速度节奏 40 次/分钟，准——命中率高，狠——锤击有力。

（7）锤击安全技术

① 练习件在台虎钳中央必须夹紧，伸出高度一般以离钳口 10～15 mm 为宜，同时下面要加木垫。

② 检查錾口是否有裂纹。

③ 发现手锤木柄有松动或损坏时，要立即更换或装牢；木柄上不应沾有油，以免使用时滑出。

④ 錾子头部有明显毛刺时，应及时磨去。

⑤ 不要正面对人操作。

⑥ 手锤应放置在台虎钳右边，柄不可露在钳台外面，以免掉下伤脚，錾子应放在台虎钳左边。

⑦ 錾削临近终了时要减力锤击，以免用力过猛伤手。

（8）錾削姿势练习的步骤（见图2-17）

① 每人“呆錾子”“无刃錾子”各一把，长方铁坯件一件，手锤一把。

② 将“呆錾子”夹紧在台虎钳中作锤击练习。左手按握錾要求握住“呆錾子”，作2小时挥锤和锤击练习。要求采用松握法挥锤，达到站立位置和挥锤的姿势动作基本正确以及有较高的锤击命中率。

③ 将长方铁坯料夹紧在台虎钳中，下面垫好木垫，用无刃錾子对着凸肩部分进行模拟錾削姿势练习。

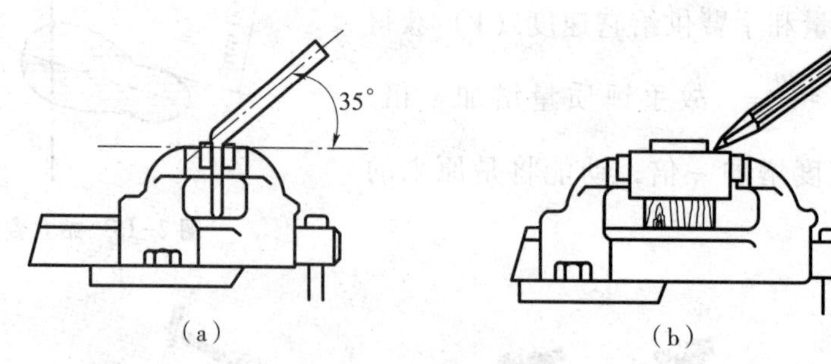

图2-17　錾削姿势练习

（a）用“呆錾子”进行锤击练习；（b）用无刃口錾子进行模拟练习

（9）考核标准

錾削练习检测评价表，如表2-1所示。

表2-1　錾削练习检测评价表

项目	指标	分值	测评方式			备注
			自检	互检	专检	
任务检测	工件夹持正确	6				
	工量具安放位置正确排列整齐	14				
	站立位置、身体姿势正确、自然	12				
	握錾正确自然	10				
	錾削角度稳定	8				
任务检测	握锤与挥锤动作正确	14				
	錾削时视线方向正确	16				
	锤击速度正确	14				
	锤击落点准确	10				
职业素养	安全文明生产	6				

续表

项目	指标	分值	测评方式			备注
			自检	互检	专检	
合计		100				
综合评价						
心得						

二、工具、量具、刃具准备

1. 工具、量具、刃具清单（表2-2）

表2-2　工具、量具、刃具清单　　mm

序号	名称	规格	精度	数量
1	千分尺	0~25、25~50、50~75	0.01	各1
2	高标	300	0.02	1
3	游标卡尺	150	0.02	1
4	刀口角尺	63×100	0级	1
5	刀口尺	125	0级	1
6	杠杆百分表	0.8	0.01	1
7	塞尺	0.02~1		1
8	平板锉刀	150、250、300	粗齿、中齿	根据需要
9	四方锉	16×16	粗齿	根据需要
10	整形锉			根据需要
11	锯条	300		根据需要
12	锯弓			根据需要
13	钻头	$\phi 3$		根据需要
14	錾子			根据需要
15	手锤	1.5		1
16	样冲、划针等			根据需要
17	毛刷、铜刷等			根据需要

2. 备料清单（图 2-18、图 2-19）

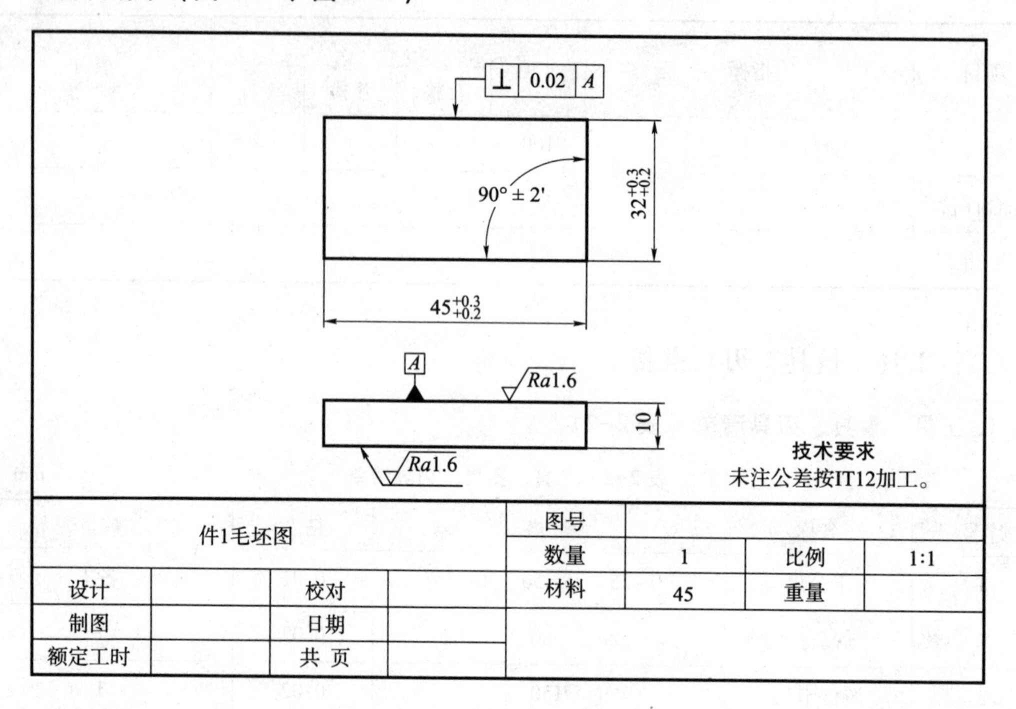

图 2-18 件 1 毛坯图

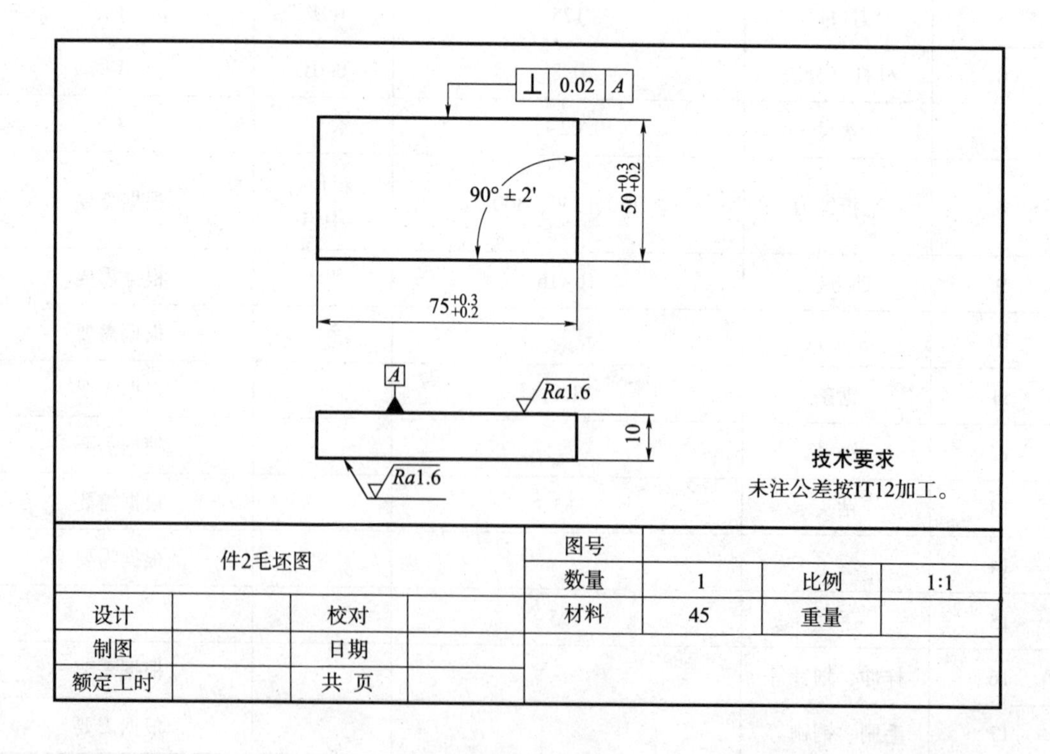

图 2-19 件 2 毛坯图

任务二　制定工艺并按工艺加工

训练目标

1. 能根据零件图纸分析零件的加工过程。
2. 能正确使用工量刃具加工零件。
3. 根据制定的加工工艺加工零件。

任务布置

按照表 2-3 件 1 加工步骤表、表 2-4 件 2 加工步骤表的技术要求，制作出合格的凹凸体锉配件。

任务分析

锉削加工件 1、件 2 并能达到配合要求，必须正确测量工件的对称度、平面度；根据表 2-3、表 2-4 的要求使用钻孔、锯割、錾削相配合的方法去除加工余料，并正确使用锉刀锉削加工零件，正确对配作尺寸进行确定和控制。

任务实施

一、件 1 的加工

锉削加工如图 2-20 所示工件，加工步骤参见表 2-3。

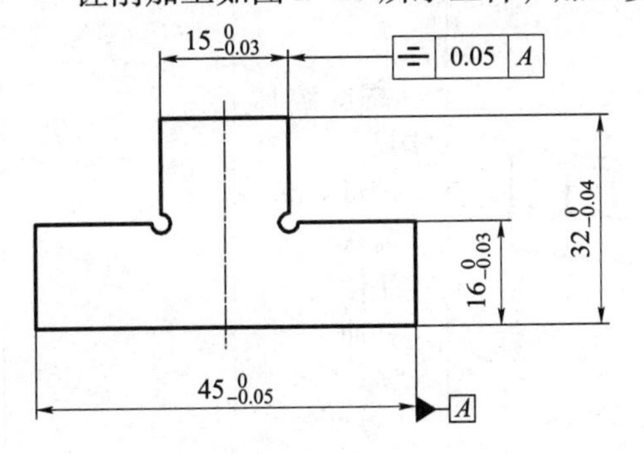

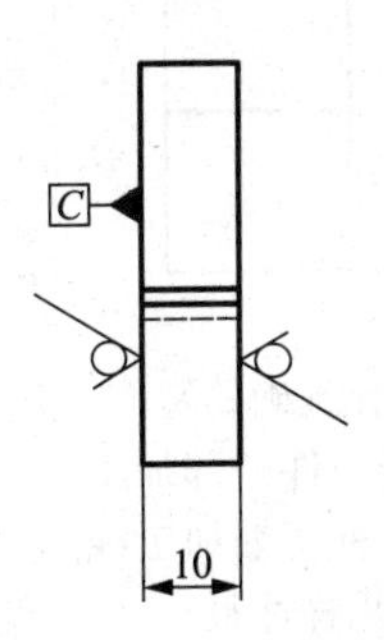

技术要求：

1. 各锉削加工面的平面度不大于 0.03 mm。
2. 各锉削加工面与基准*C*面的垂直度不大于0.03 mm。
3. 所有锉削加工面表面粗糙度*Ra*3.2。

图 2-20　凸件图

表2-3　件1加工步骤表

加工步骤	加工方法图示和说明		所需工、量、刃具	检测结果
检测、修整毛坯	① 检测毛坯尺寸 $45^{+0.3}_{+0.2}\times32^{+0.3}_{+0.2}\times10$； ② 用锉削的方法修整相邻直角边作为基准；保证相垂直度不大于0.03 mm、平面度不大于0.02 mm、表面粗糙度 $Ra3.2$		游标卡尺 刀口直角尺 刀口直尺 300 mm、200 mm粗、细平板锉	
锉削长方体	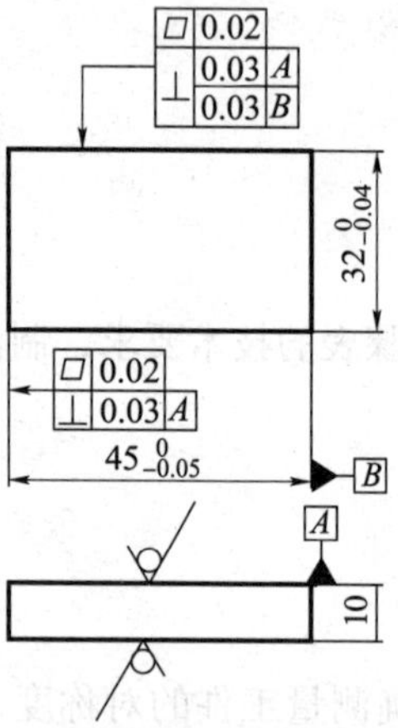 ① 用高度尺划出 45×32 的加工线； ② 用锉削的方法加工 $45^{\ 0}_{-0.05}\times32^{\ 0}_{-0.04}$ 尺寸，保证相垂直度不大于0.03 mm、平面度不大于0.02 mm、表面粗糙度 $Ra3.2$； ③ 锐角去毛刺	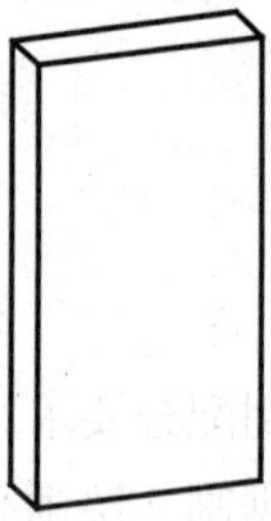	千分尺 杠杆百分表 表架 测量平板 游标卡尺 刀口直角尺 刀口直尺 300 mm、250 mm、150 mm 粗、中、细平板锉	
划线	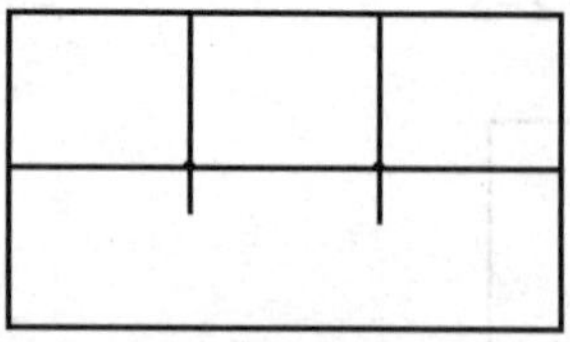 正确安放工件，选择正确的基准，用高度游标卡尺划出凸件全部加工线，并用游标卡尺复查所划加工线是否准确，在线上冲出样冲眼	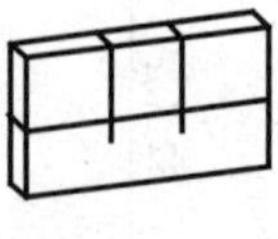	高度游标卡尺 测量平板 靠铁 手锤 样冲	

续表

加工步骤	加工方法图示和说明	所需工、量、刃具	检测结果
钻孔	用 $\phi 3$ 的钻头钻出工艺孔，用 $\phi 5$ 的钻头将工艺孔倒角 $C0.5$	平口钳 钻床 $\phi 3$、$\phi 5$ 钻头	
加工右上角	① 测量宽度 $45\,^{0}_{-0.05}$ 的实际尺寸，记录备用； ② 用锯弓按划线锯削右侧面排料，留锉削粗精加工余量 0.3～0.5 mm； ③ 粗锉两锯削面，留精加工余量 0.1～0.15 mm； ④ 精加工肩高 $16\,^{0}_{-0.03}$，保证与各面的垂直度、平面度和表面粗糙度达到要求； ⑤ 精加工肩宽尺寸 $M^{+0.02}_{-0.05}$，保证与各面的垂直度、平面度和表面粗糙度达到要求； ⑥ 对称度间接控制尺寸的确定： $M^{\max}_{\min}=\dfrac{L+T^{\min}_{\max}}{2}\pm\Delta$ M——对称度间接控制尺寸 L——工件两基准面间实际尺寸 T——凸台尺寸 Δ——对称度误差最大允许值	锯弓 锯条	

续表

加工步骤	加工方法图示和说明		所需工、量、刃具	检测结果
加工左上角	$15_{-0.03}^{0}$　0.05 A　$16_{-0.03}^{0}$　45　A ① 用锯弓按划线锯削左侧面排料，留锉削粗精加工余量 0.3～0.5 mm； ② 粗锉两锯削面，留精加工余量 0.1～0.15 mm； ③ 精加工肩高 $16_{-0.03}^{0}$，要求左右两侧尺寸一致，并保证与各面的垂直度、平面度和表面粗糙度达到要求； ④ 精加工肩宽尺寸 $15_{-0.03}^{0}$，保证与各面的垂直度、平面度和表面粗糙度达到要求		千分尺 杠杆百分表 测量平板 刀口角尺 刀口直尺 游标卡尺 300 mm、250 mm、150 mm 平板锉 16×16 四方锉、整形锉	
复检、去毛刺	$15_{-0.03}^{0}$　0.05 A　$16_{-0.03}^{0}$　$32_{-0.04}^{0}$　$45_{-0.05}^{0}$　A ① 各锐边去毛刺； ② 全面检测工件的平面度、垂直度、对称度、尺寸精度，并作必要的修正		千分尺 杠杆百分表 测量平板 刀口角尺 刀口直尺 游标卡尺 150 mm 平板锉、整形锉	

二、件 2 的加工

锉削加工如图 2-21 所示工件，加工步骤参见表 2-4。

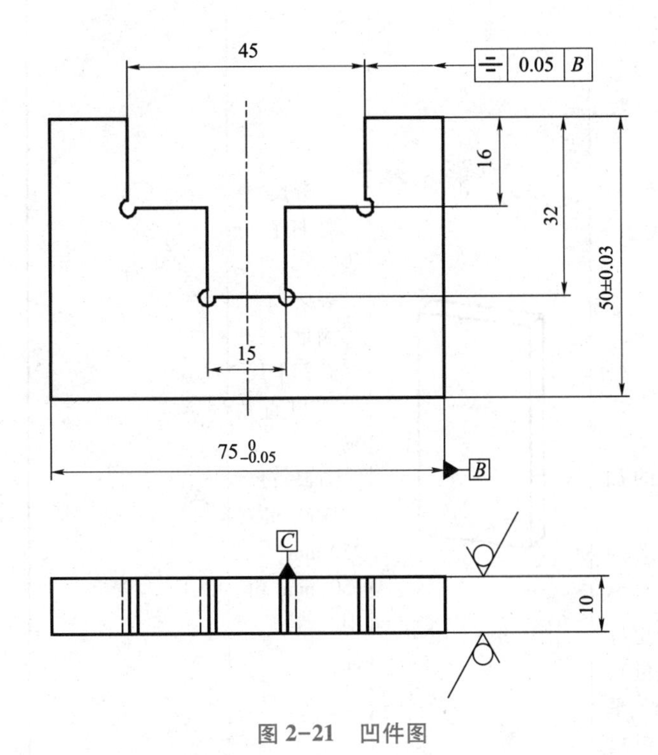

技术要求：

1. 各锉削加工面的平面度不大于 0.03 mm。

2. 各锉削加工面与基准 C 面的垂直度不大于 0.03 mm。

3. 所有锉削加工面表面粗糙度 *Ra*3.2。

图 2-21　凹件图

表 2-4　件 2 加工步骤表

加工步骤	加工方法图示和说明		所需工、量、刃具	检测结果
检测、修整毛坯	① 检测毛坯尺寸 $75^{+0.3}_{+0.2}\times50^{+0.3}_{+0.2}\times10$； ② 用锉削的方法修整相邻直角边作为基准；保证相垂直度不大于 0.03 mm、平面度不大于 0.02 mm、表面粗糙度 *Ra*3.2		游标卡尺 刀口直角尺 刀口直尺 300 mm、200 mm 粗、细平板锉	

续表

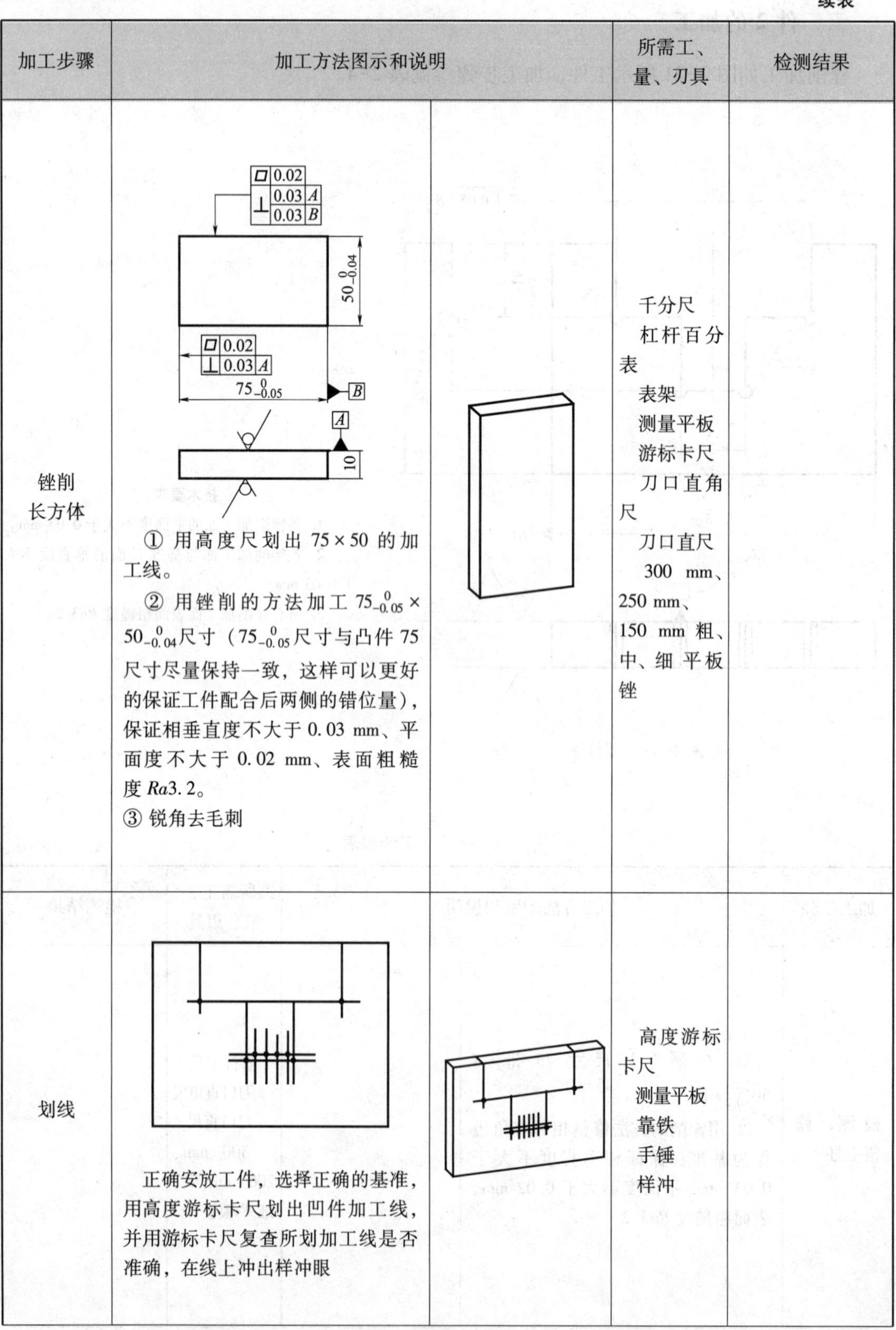

加工步骤	加工方法图示和说明		所需工、量、刃具	检测结果
锉削长方体	① 用高度尺划出 75×50 的加工线。 ② 用锉削的方法加工 $75_{-0.05}^{0}$ × $50_{-0.04}^{0}$ 尺寸（$75_{-0.05}^{0}$ 尺寸与凸件 75 尺寸尽量保持一致，这样可以更好的保证工件配合后两侧的错位量），保证相垂直度不大于 0.03 mm、平面度不大于 0.02 mm、表面粗糙度 $Ra3.2$。 ③ 锐角去毛刺		千分尺 杠杆百分表 表架 测量平板 游标卡尺 刀口直角尺 刀口直尺 300 mm、250 mm、150 mm 粗、中、细平板锉	
划线	正确安放工件，选择正确的基准，用高度游标卡尺划出凹件加工线，并用游标卡尺复查所划加工线是否准确，在线上冲出样冲眼		高度游标卡尺 测量平板 靠铁 手锤 样冲	

续表

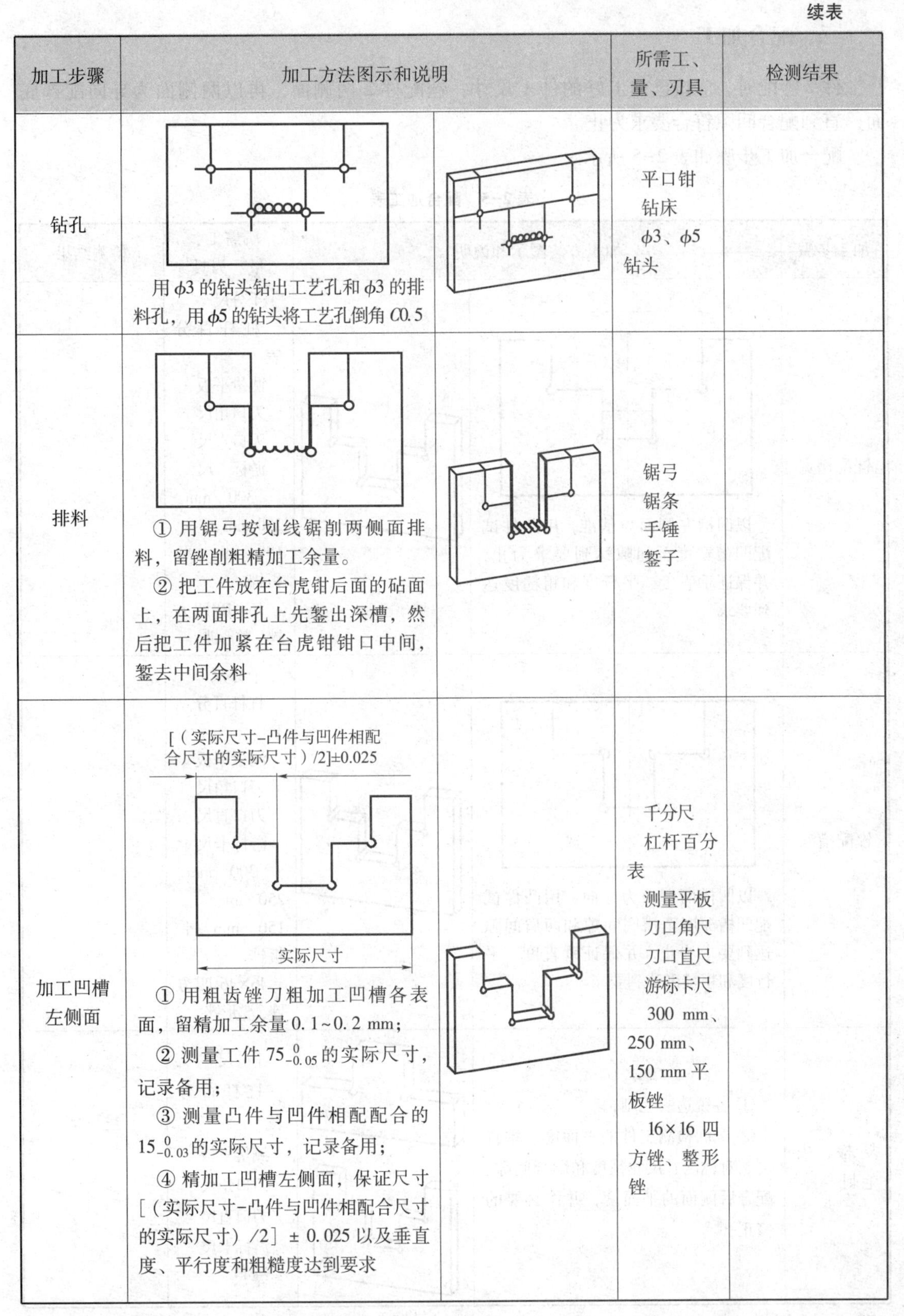

加工步骤	加工方法图示和说明	所需工、量、刃具	检测结果
钻孔	用 $\phi3$ 的钻头钻出工艺孔和 $\phi3$ 的排料孔，用 $\phi5$ 的钻头将工艺孔倒角 C0.5	平口钳 钻床 $\phi3$、$\phi5$ 钻头	
排料	① 用锯弓按划线锯削两侧面排料，留锉削粗精加工余量。 ② 把工件放在台虎钳后面的砧面上，在两面排孔上先錾出深槽，然后把工件加紧在台虎钳钳口中间，錾去中间余料	锯弓 锯条 手锤 錾子	
加工凹槽左侧面	[（实际尺寸-凸件与凹件相配合尺寸的实际尺寸）/2]±0.025 实际尺寸 ① 用粗齿锉刀粗加工凹槽各表面，留精加工余量 0.1~0.2 mm； ② 测量工件 $75_{-0.05}^{\ 0}$ 的实际尺寸，记录备用； ③ 测量凸件与凹件相配配合的 $15_{-0.03}^{\ 0}$ 的实际尺寸，记录备用； ④ 精加工凹槽左侧面，保证尺寸［（实际尺寸-凸件与凹件相配合尺寸的实际尺寸）/2］± 0.025 以及垂直度、平行度和粗糙度达到要求	千分尺 杠杆百分表 测量平板 刀口角尺 刀口直尺 游标卡尺 300 mm、250 mm、150 mm 平板锉 16×16 四方锉、整形锉	

三、配合加工

件 2 锉配时，应按已加工好的件 1 尺寸，锉配件 2 两侧面，再以两侧面为导向配锉底面，直到配合间隙符合要求为止。

配合加工步骤如表 2-5 所示。

表 2-5　配合加工表

加工步骤	加工方法图示和说明		所需工、量、刃具	检测结果
锉配槽宽	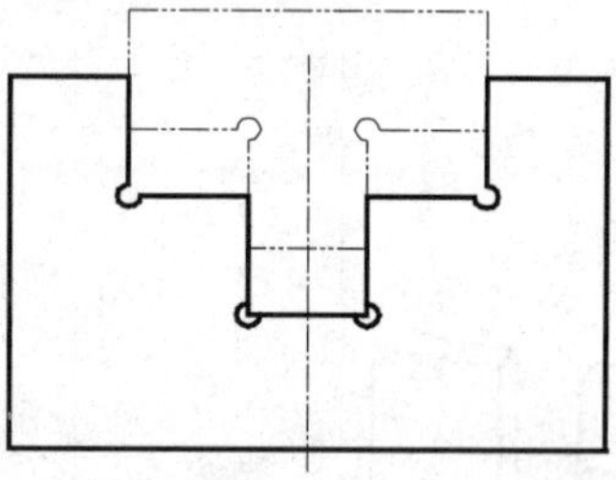 以凹槽左侧面为基准，用凸件试配凹槽宽度至间隙达到要求为止，并保证垂直度、平行度和粗糙度达到要求	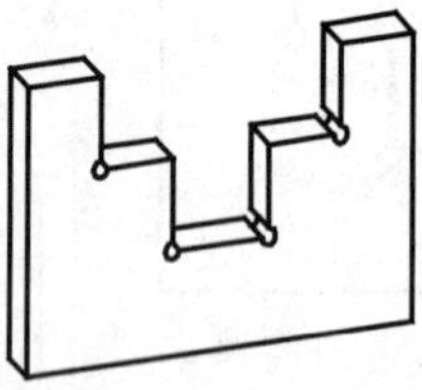	千分尺 杠杆百分表 测量平板 刀口角尺 刀口直尺 游标卡尺 300 mm、250 mm、150 mm 平板锉 16×16 四方锉、整形锉	
锉配槽深	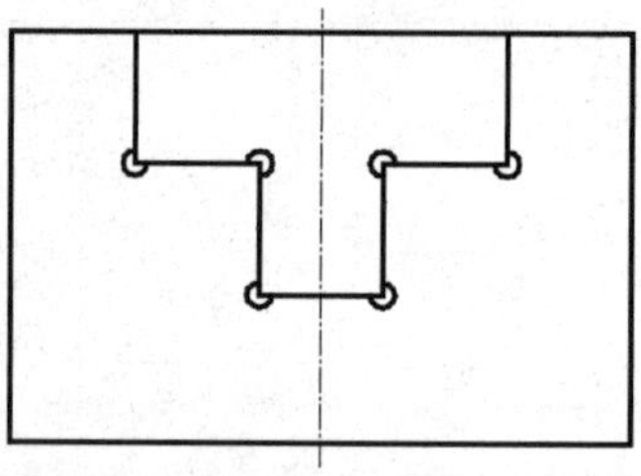 以凹槽两侧面为导向，用凸件试配凹槽深度至槽底间隙和两肩间隙达到要求为止，并保证垂直度、平行度和粗糙度达到要求	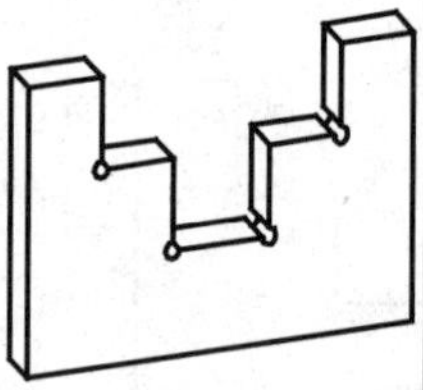	千分尺 杠杆百分表 测量平板 刀口角尺 刀口直尺 游标卡尺 300 mm、250 mm、150 mm 平板锉 16×16 四方锉、整形锉	
复检、去毛刺	① 各锐边去毛刺； ② 全面检测工件的平面度、垂直度、对称度、尺寸精度和配合间隙、配合后侧面的平面度，并作必要的修正	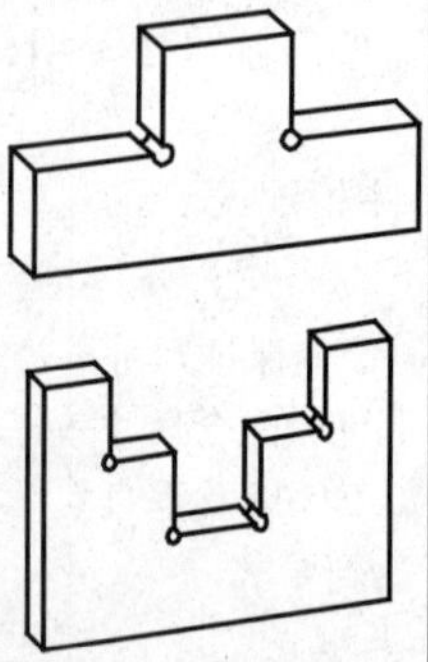	千分尺 杠杆百分表 测量平板 刀口角尺 刀口直尺 游标卡尺 塞尺	

四、锉配注意事项

① 因为采用间接测量来保证尺寸和对称度要求，因此，必须进行正确的计算和测量，才能得到所要求的精度。

② 在加工过程中，一定要保证锉削平面的平面度以及和大平面的垂直度，才能达到配合精度要求。

③ 在锉配凹形时，必须先锉一侧面，根据 75 mm 处的实际尺寸，通过控制 15 mm 的尺寸误差值（本任务为：75 mm 的实际尺寸的一半减去凸件 15 mm 的实际尺寸的一半，再加上配合间隙的一半），来达到配合后的对称度要求。

④ 在锉配加工时一般不加工凸件，否则会失去凸件的精度，使锉配失去基准，造成锉配难以进行。

五、锉配技巧

① 锉削的平面在微观上总是存在一些高点，正是这些高点使得凸件、凹件相互配合时产生挤压，阻碍工件的相对移动，挤压处产生压痕，形成阻碍点，再次 配合时应先锉掉这些压痕（阻碍点）。

② 要找出工件配合时真正的阻碍点，应把工件面对光线，沿着配合路径，逐处检查判断，特别要注意排除假象，如果对边或清角不彻底，会造成向近边的压力，形成近边的压痕，问题由对边引起，这时如果修近边，则间隙会越来越大。

③ 形位误差对锉配质量影响很大，它会存在在所有的工件中，在以后的训练中应注意，并要收集各种质量问题加以分析，从而提高技术水平。

凹凸体锉配时产生的问题及原因分析，如表 2-6 所示。

表 2-6　凹凸体锉配时产生的问题及原因分析

产生的问题	原因分析	图示问题情况
互换后配合质量差，严重时配合困难	没有控制好垂直度、平行度、平面度和对称度	
两件配合后两平面扭曲	各锉削面与大平面 *A* 的垂直度误差过大，没有控制好	A

加工情况按表2-7评价表测量评价。

表2-7　锉配T型镶配件检测评价表

项目	指标	分值	测评方式			备注
			自检	互检	专检	
任务检测	$45_{-0.05}^{0}$	6				
	$32_{-0.04}^{0}$	6				
	$16_{-0.03}^{0}$（2处）	12				
	⌯ 0.05 A	5				
	$\phi3$（2处）	2				
	$Ra3.2$（8处）	4				
	$75_{-0.05}^{0}$	6				
	50±0.03	5				
任务检测	⌯ 0.05 B	5				
	$\phi3$（4处）	4				
	$Ra3.2$（12处）	6				
	配合（正反）间隙≤0.04（14处）	28				
	⏥ 0.05（2处）	6				
职业素养	安全文明生产	5				
	合计	100				
综合评价						
心得						

任务总结

任务完成后对作品作全面的检测评价，并把自己的体会或发现记录在下列横线上：

项目三 锉配六方体

【项目概述】

本项目封闭式锉配，通过锉配操作练习，对操作者的操作水平、测量技术提出了更高的要求，是钳工重要的训练项目之一。该项目与生产实际有着密切的联系，如冲裁模的精密修配等。学习好本项目是以后工作的基础。

任务一 加工前的准备工作

训练目标

1. 学会正确使用和保养量块。
2. 学会正确使用和保养正弦规。
3. 学会封闭式锉配的排料方法。
4. 学会封闭式锉配的加工方法。

5. 学会封闭式锉配的工艺步骤。

6. 学会孔的精加工。

任务布置

根据图3-1、图3-2、图3-3所示的六方体锉配零件图，按照其技术要求，学习巩固相关知识，并正确选用制作锉配六方体所需的工、量、刃具及设备。

任务分析

锉削如图3-1、图3-2、图3-3所示的工件，必须能正确使用百分表、量块、正弦规测量工件的对称度、平面度、尺寸，准确计算正弦规相关尺寸，正确进行孔的精加工。

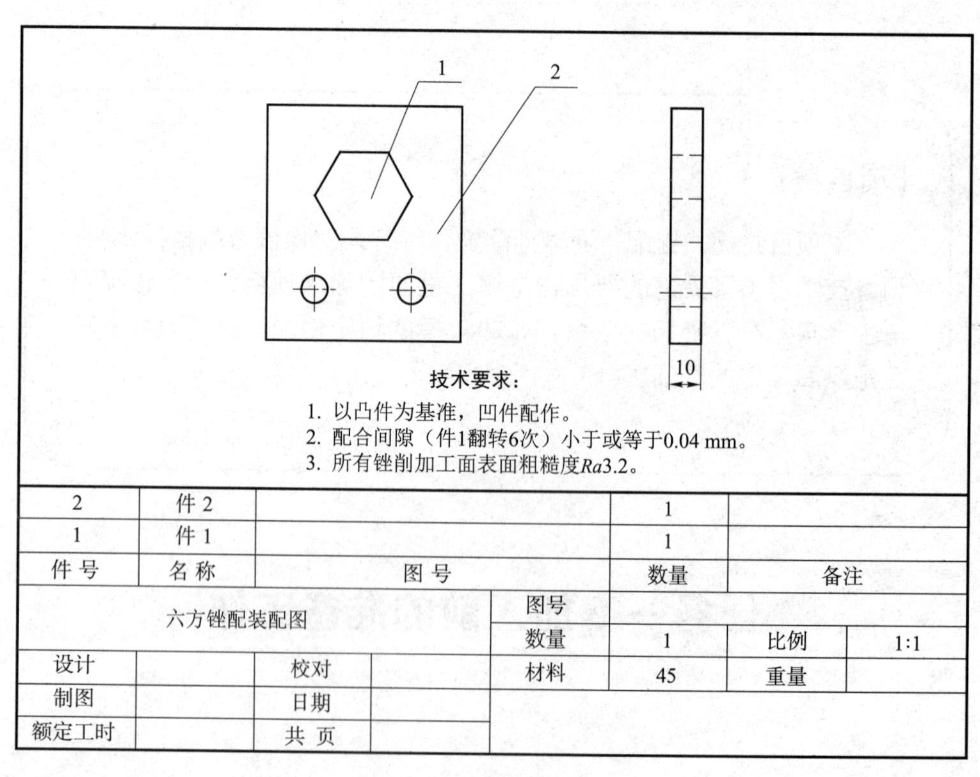

图3-1　六方锉配装配图

（一）相关知识

1. 量块

量块是机械中制造中长度尺寸的标准。量块可对量具和量仪进行校正，也可以用于精密划线和精密机床的调整，若量块和附件并用，还可以测量某些精度要求高的工件尺寸。

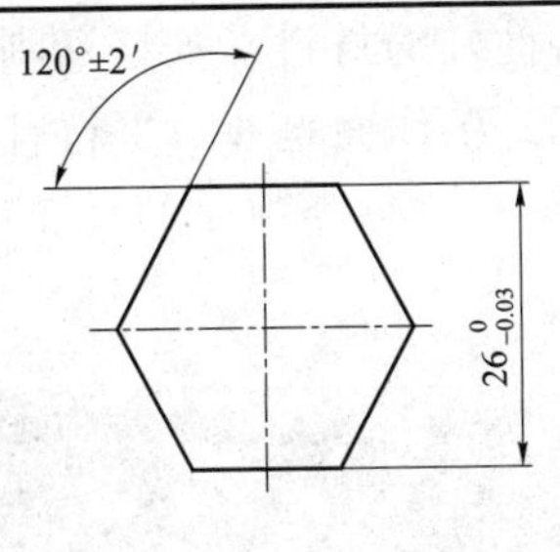

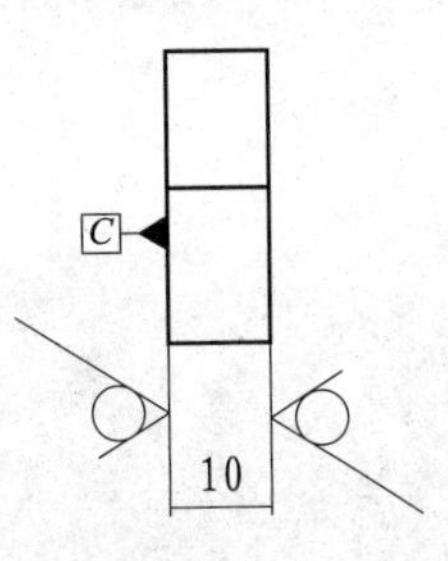

技术要求：

1. 各锉削加工面的平面度不大于0.03 mm。
2. 各锉削加工面与基准C面的垂直度不大于0.03 mm。
3. 所有锉削加工面表面粗糙度Ra3.2。

件1				图号			
				数量	1	比例	1:1
设计		校对		材料	45	重量	
制图		日期					
额定工时		共 页					

图 3-2 件 1

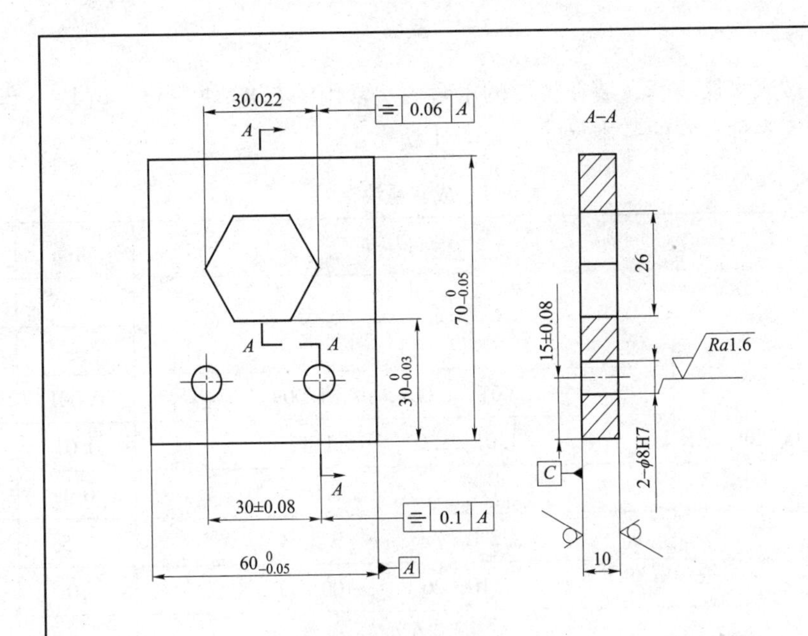

技术要求：

1. 各锉削加工面的平面度不大于0.03 mm。
2. 各锉削加工面与基准C面的垂直度不大于0.03 mm。
3. 所有锉削加工面表面粗糙度Ra3.2。
4. 孔口倒角C0.5,锐边去毛刺。

件2				图号			
				数量	1	比例	1:1
设计		校对		材料	45	重量	
制图		日期					
额定工时		共 页					

图 3–3 件 2

量块见图 3-4 所示，是用不易变形、耐磨性好的材料（如铬锰刚）制成，其形状为长方形六面体，它有两个工作面和四个非工作面。工作面是一对平行且平面度误差极小的平面，工作面又称测量面。

图 3-4　量块

量块一般都做成多块一套，装在特制的木盒内。常用的有 83 块一套、46 块一套、10 块一套和 5 块一套等多种，它的基本尺寸如表 3-1 所示。

表 3-1　成套量块

套别	总块数	级别	尺寸系列	间隔	块数
1	91	00，0，1	0. 5	—	1
			1	—	1
			1. 001，1. 002，…，1. 009	0. 001	9
			1. 01，1. 02，…，1. 49	0. 01	49
			1. 5，1. 6，…，1. 9	0. 1	5
			2. 0，2. 5，…，9. 5	0. 5	16
			10，20，…，100	10	10
2	83	00，0，1，2（3）	0. 5	—	1
			1	—	1
			1. 005	—	1
			1. 01，1. 02，，…，1. 49	0. 01	49
			1. 5，1. 6，…，1. 9	0. 1	5
			2. 0，2. 5，…，9. 5	0. 5	16
			10，20，…，100	10	10

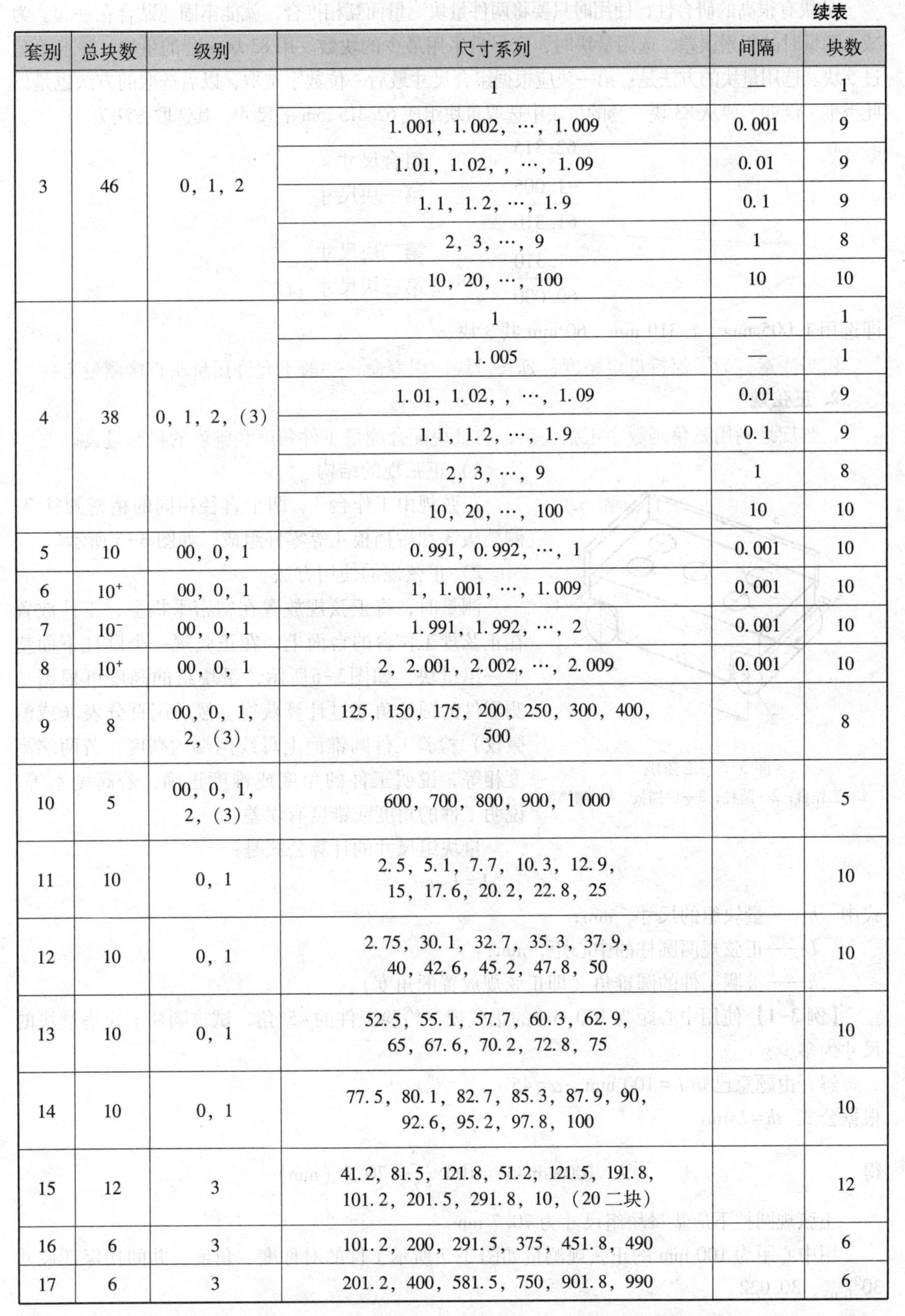

续表

套别	总块数	级别	尺寸系列	间隔	块数
3	46	0，1，2	1	—	1
			1.001，1.002，…，1.009	0.001	9
			1.01，1.02，，…，1.09	0.01	9
			1.1，1.2，…，1.9	0.1	9
			2，3，…，9	1	8
			10，20，…，100	10	10
4	38	0，1，2，(3)	1	—	1
			1.005	—	1
			1.01，1.02，，…，1.09	0.01	9
			1.1，1.2，…，1.9	0.1	9
			2，3，…，9	1	8
			10，20，…，100	10	10
5	10	00，0，1	0.991，0.992，…，1	0.001	10
6	10^+	00，0，1	1，1.001，…，1.009	0.001	10
7	10^-	00，0，1	1.991，1.992，…，2	0.001	10
8	10^+	00，0，1	2，2.001，2.002，…，2.009	0.001	10
9	8	00，0，1，2，(3)	125，150，175，200，250，300，400，500		8
10	5	00，0，1，2，(3)	600，700，800，900，1 000		5
11	10	0，1	2.5，5.1，7.7，10.3，12.9，15，17.6，20.2，22.8，25		10
12	10	0，1	2.75，30.1，32.7，35.3，37.9，40，42.6，45.2，47.8，50		10
13	10	0，1	52.5，55.1，57.7，60.3，62.9，65，67.6，70.2，72.8，75		10
14	10	0，1	77.5，80.1，82.7，85.3，87.9，90，92.6，95.2，97.8，100		10
15	12	3	41.2，81.5，121.8，51.2，121.5，191.8，101.2，201.5，291.8，10，(20 二块)		12
16	6	3	101.2，200，291.5，375，451.8，490		6
17	6	3	201.2，400，581.5，750，901.8，990		6

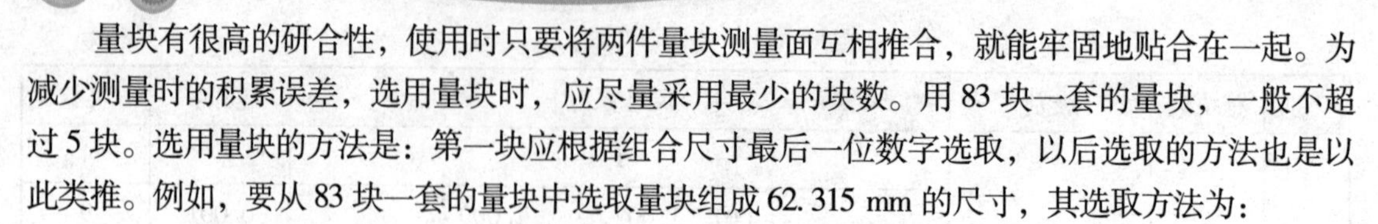

量块有很高的研合性，使用时只要将两件量块测量面互相推合，就能牢固地贴合在一起。为减少测量时的积累误差，选用量块时，应尽量采用最少的块数。用83块一套的量块，一般不超过5块。选用量块的方法是：第一块应根据组合尺寸最后一位数字选取，以后选取的方法也是以此类推。例如，要从83块一套的量块中选取量块组成62.315 mm的尺寸，其选取方法为：

$$\begin{array}{rl} 62.315 & \text{组合尺寸} \\ -1.005 & \text{第一块尺寸} \\ \hline 61.310 & \\ -1.310 & \text{第二块尺寸} \\ \hline 60.000 & \text{第三块尺寸} \end{array}$$

即选用1.005 mm、1.310 mm、60 mm共3块。

应当注意，为了保持量块精度，延长量块使用寿命，一般不允许用量块直接测量工件。

2. 正弦规

正弦规是利用三角函数中正弦关系，与量块配合测量工件角度和锥度的精密量具。

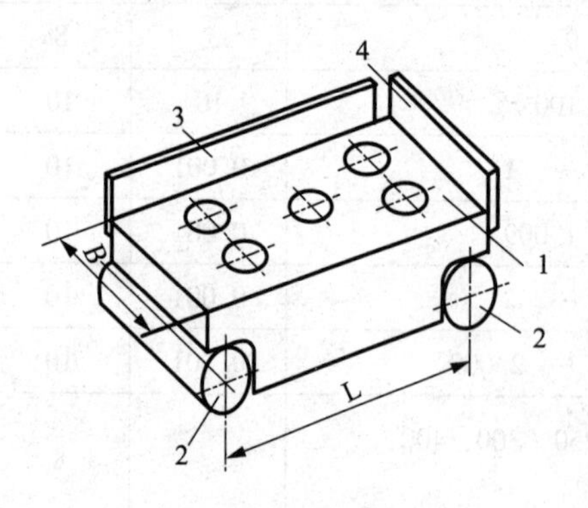

图3-5　正弦规

1—工作台；2—圆柱；3—后挡板；4—侧挡板

1）正弦规的结构

正弦规由工作台1、两个直径相同的精密圆柱2、侧挡板3和后挡板4等零件组成，如图3-5所示。

2）正弦规的使用方法

测量时，将正弦规放置在精密平板上，工件放置在正弦规工作台的台面上，在正弦规一个圆柱下面垫上一组量块，如图3-6所示，量块组的高度可根据被测零件的圆锥角通过计算获得。然后用百分表（或测微仪）检验工件圆锥面上母线两端的高度，若两端高度相等，说明工件的角度或锥度正确，若高度不等，说明工件的角度或锥度有误差。

量块组尺寸的计算公式是：

$$h=L\sin a$$

式中　h——量块组的尺寸，mm；

L——正弦规两圆柱的中心距，mm；

a——被测工件的圆锥角（即正弦规放置的角度）。

【例3-1】使用中心距为100 mm的正弦规，检验工件的45°角，试求圆柱下应垫量块的尺寸为多少？

解　由题意已知 $L=100$ mm，$\alpha=45°$

根据公式　$h=L\sin\alpha$

得

$$h=100\times\sin45°=100\times\frac{\sqrt{2}}{2}=70.7\ (\text{mm})$$

正弦规圆柱下应垫量块组尺寸为70.7 mm。

用中心距为100 mm的正弦规测量如图3-7所示工件的对称度、角度、并间接保证尺寸$30^{0}_{-0.03}$、30.022。

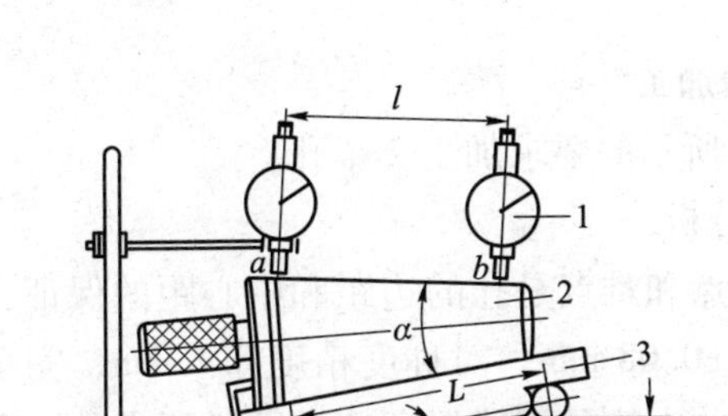

图 3-6　正弦规的使用方法

1—百分表；2—工件；3—正弦规；4—量块组；5—平板

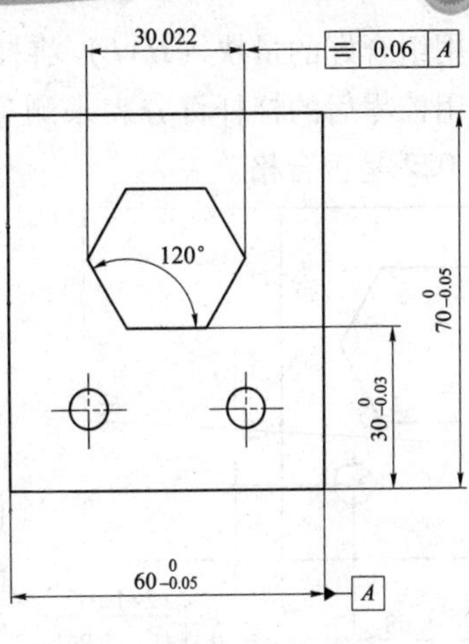

图 3-7　工件图

（1）测量方法（如图 3-8 所示）

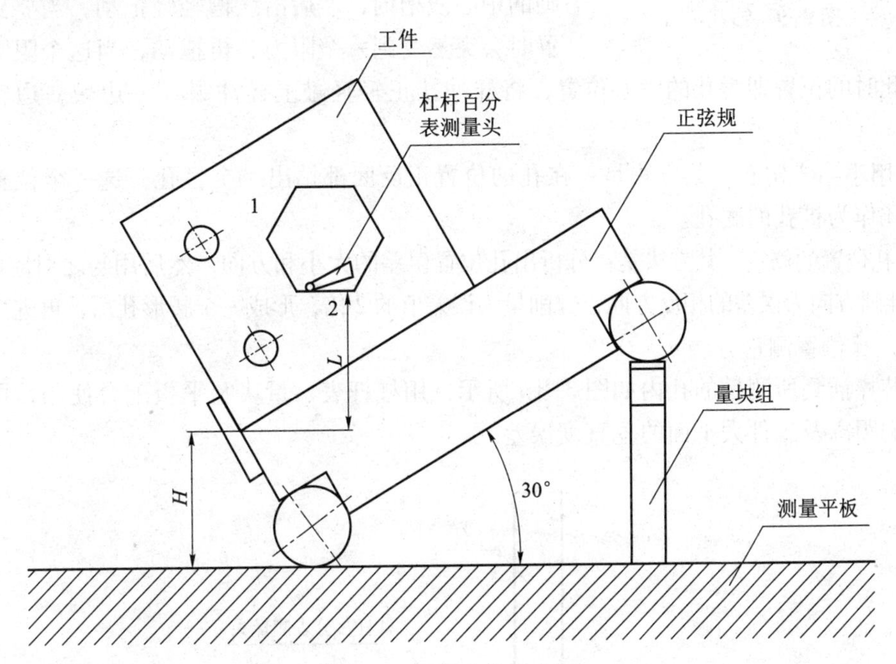

图 3-8　测量方法示意图

（2）测量过程

① 测量工件 $60^{\ 0}_{-0.05}$ 的实际尺寸。

② 计算出基准角到被加测量平面 1 和 2 的距离 L。

③ 计算出正弦规圆柱下应垫量块组尺寸。

④ 测量正弦规在测量 30°角的情况下，基准角到测量平板的距离 H。

⑤ 计算出被加测量平面 1 和 2 到测量平板的距离（$H+L$）。

⑥ 用量块组合成尺寸（$H+L$）。

⑦ 用组合好的量块（$H+L$）将杠杆百分表校零。

⑧ 用校零后的杠杆百分表来测量工件的被加工面，确定工件的对称度、平面度、120°角和 30.022 是否合格。

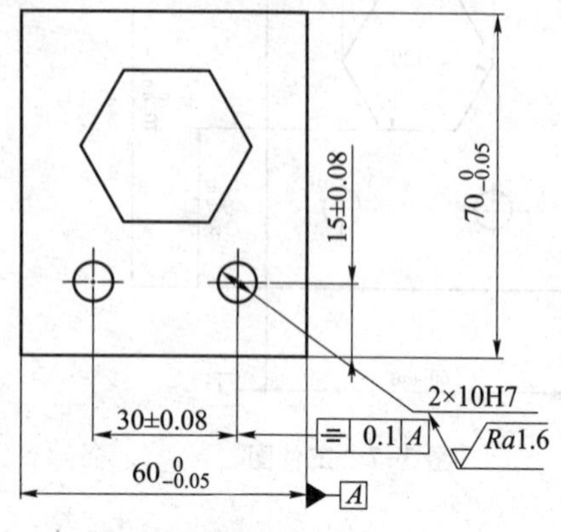

图 3-9 钻孔

3. 孔的精加工

按图 3-9 所示的要求加工 2 个孔。

1）任务分析

该任务重点和难点是孔的边距和中心距的保证，图中位置精度为±0.08 mm，对称度精度 0.1 mm，完全靠划线和打样冲的方法是不能保证达到图样要求的，必须通过修孔的方法才能保证其精度。通过本任务的学习和练习能够掌握孔位置精度的保证方法。

2）必备知识

（1）孔位置精度的保证方法

① 样冲眼位置要准确。其方法是：将样冲尖放到先画的中心线槽内，然后沿线槽轻轻拖动，当要到中心位置时会突然受到一个阻力，再拖动，当这个阻力突然消失时，此时的位置即为孔的中心位置，将样冲扶正轻轻敲上样冲眼（一边敲一边轻轻转动样冲）。

② 用小钻头定心。其方法是：在孔的位置正反面都钻出一个盲孔，选一个位置误差较小的盲孔作为扩孔的底孔。

③ 孔位置的修正。其方法是：分析出孔位置误差的大小和方向，然后用与之对应的圆锉刀锉孔，锉削方向为误差的相反方向，锉削量为误差值的 2 倍，形成一个腰形孔后，再进行扩孔。

（2）孔位置测量方法

将芯棒插到所测量的孔内如图 3-10 所示，用杠杆表、量块及平板配合使用，可以测出孔到边的距离及工件大平面的垂直度误差。

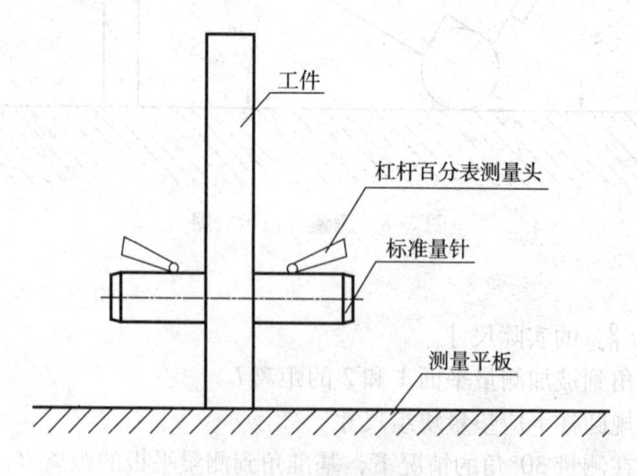

图 3-10 孔的测量

（3）孔的加工

① 备料 70 mm×60 mm×10 mm 一块。

② 按图样要求画出孔的位置线（工件的正反面都画），复查。

③ 工件的正反面都敲上样冲眼。

④ 用 ϕ3 mm 的钻头正反面定心，并测量其位置精度。

⑤ 用 ϕ6 mm 钻头在位置误差较小的一面进行扩孔。

⑥ 测量分析出孔的误差方向和大小，若有误差用与之相对应的圆锉刀锉孔。

⑦ 用 ϕ7 mm 的钻头扩孔。

⑧ 测量分析出孔的误差方向和大小，若有误差再用与之相对应的圆锉刀锉孔。

⑨ 用 ϕ7.8 mm 的钻头扩孔，孔口倒角。

⑩ 铰孔，复查。

（4）安全注意事项

① 正确使用砂轮机和钻床。

② 钻孔、扩孔时要选择合适的钻速和进给量。

③ 做到安全文明操作。

（5）孔加工操作技巧

孔与工件大平面垂直度的保证方法：用精密平口钳来装夹工件，在钻床上用杠杆表来检查并调整工件大平面主轴的垂直度。

4. 任务评价

表 3-2 所示为凹件孔加工检测评价表。

表 3-2　凹件孔加工检测评价表

项目	指标	分值	测评方式			备注
			自检	互检	专检	
任务检测	30±0.08	20				
	15±0.08（2 处）	30				
	⌯ 0.1 A	20				
	ϕ8H7（2 处）	10				
	Ra 1.6（2 处）	10				
职业素养	安全文明生产	10				
合计		100				
综合评价						
心得						

二、工具、量具、刃具准备

1. 工具、量具、刃具

工具、量具及刃具清单如表 3-3 所示。

表3-3　工具、量具、刃具

序号	名称	规格	精度	数量
1	千分尺	0～25、25～50、50～75	0.01	各1
2	高度游标卡尺	300	0.02	1
3	游标卡尺	0～150	0.02	1
4	刀口角尺	63×100	0级	1
5		34×50	0级	1
6	刀口尺	125	0级	1
7	杠杆百分表	0～0.8	0.01	1
8	百分表表架			1
9	量块	83	2级	1套
10	正弦规	100	0级	1
11	塞尺	0.02～1		1套
12	光面塞规	ϕ10H7		1
13	铰刀	ϕ10H7		根据需要
14	铰杠	150		根据需要
15	钻头	ϕ3、ϕ6、ϕ9、ϕ9.8、ϕ12		根据需要
16	锯弓			1
17	锯条			根据需要
18	锤子			1
19	样冲			1
20	划针			1
21	钢直尺	0～150		1
22	平板锉	250、300	粗齿	根据需要
23		200、250	中齿	根据需要
24		150、200	细齿	根据需要
25	方锉	6×6	粗齿	根据需要
26	圆锉	ϕ5	粗齿	根据需要
27	三角锉	150	粗齿	根据需要
28	软钳口			根据需要
29	毛刷			1
30	铜丝刷			1

2. 备料清单（如图 3-11 和图 3-12 所示）

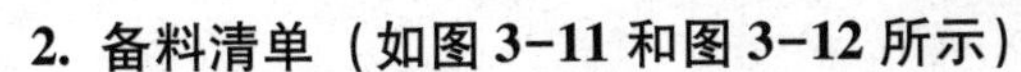

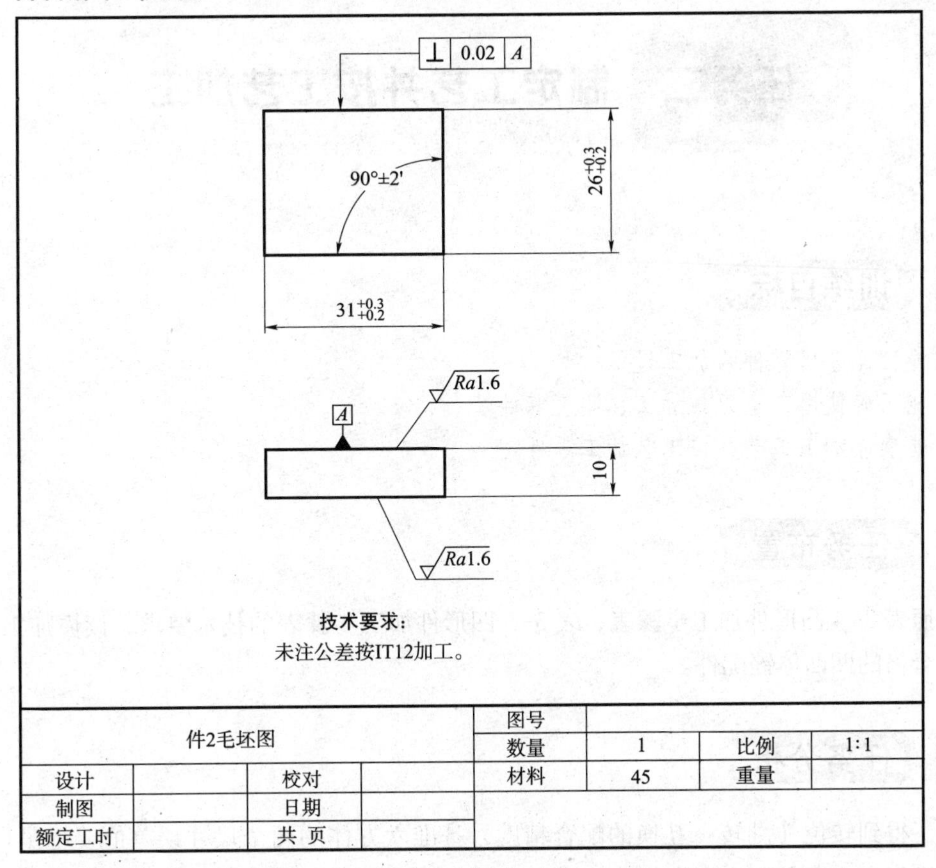

图 3-11　件 1 毛坯图

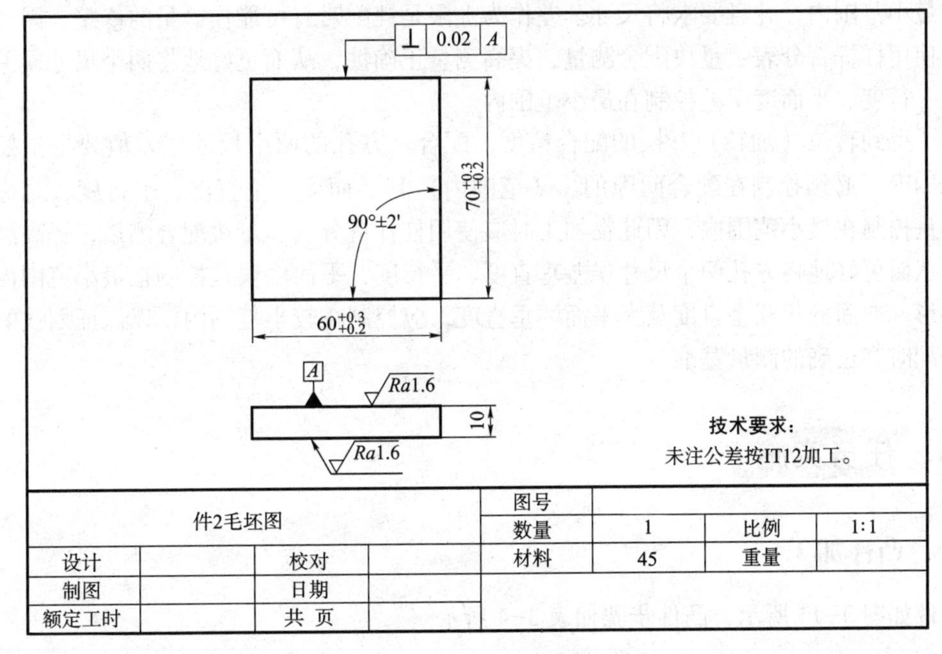

图 3-12　件 2 毛坯图

任务二 制定工艺并按工艺加工

训练目标

1. 能独立分析零件的加工过程。
2. 能正确使用工量刃具加工、测量零件。
3. 能读懂加工工艺并按工艺加工零件。

任务布置

按照表3-4凸形件加工步骤表、表3-5凹形件加工步骤表的技术要求，读懂加工工艺，制作出合格的凹凸体锉配件。

任务分析

为了得到转位（翻转）互换的配合精度，基准六方体的两个尺寸误差值要尽量控制在最小范围内（必须控制在配合间隙的1/2范围内），其垂直度、平行度、平面度误差也尽量控制在最小范围内，并且要求将尺寸公差作为上限是锉配时有可能作微量的修整，因此在加工时应使用杠杆百分表、量块配合测量，提高测量正确性，从而更好地将两个尺寸误差、垂直度、平行度、平面度误差控制在最小范围内。

为了得到转位（翻转）互换的配合精度，配合六方孔的两个尺寸误差值要尽量控制在最小范围内（必须控制在配合间隙的1/2范围内）其平面度、垂直度、平行度、对称度误差也尽量控制在最小范围内，因此在加工时应使用杠杆百分表、量块配合测量，提高测量正确性，从而更好地将方孔两个尺寸误差垂直度、平行度、平面度误差控制在最小范围内。凹件的外形基准面的相互垂直度及大平面的垂直度，应控制在较小范围内，以保证划线的正确性，锉配时有正确的测量基准。

任务实施

一、凸件加工

凸件如图3-13所示，凸件步骤如表3-4所示。

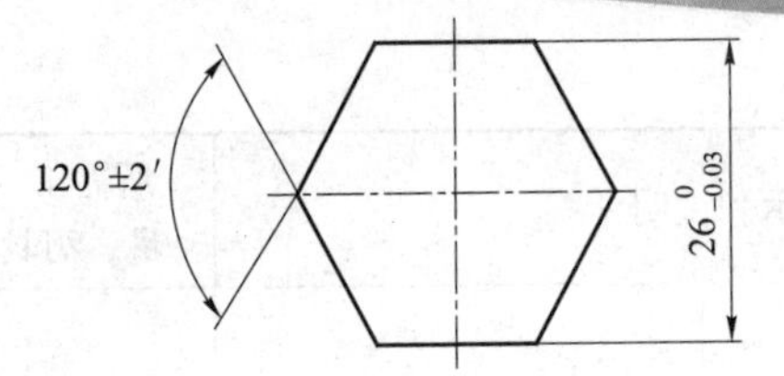

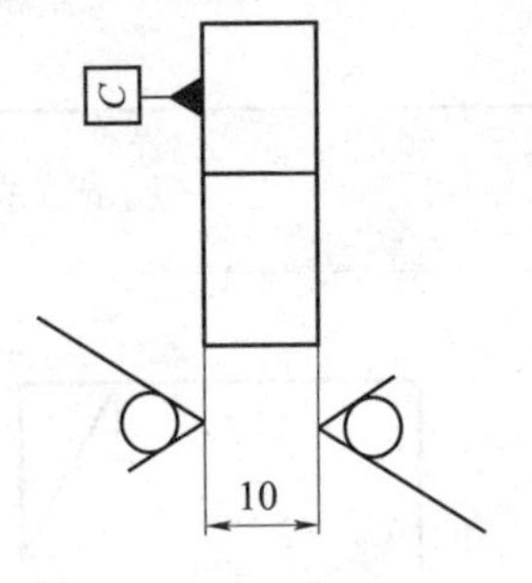

技术要求：

1. 各锉削加工面的平面度不大于0.03 mm。
2. 各锉削加工面与基准*C*面的垂直度不大于0.03 mm。
3. 所有锉削加工面表面粗糙度*Ra*3.2。

图 3-13　凸件

表 3-4　凸件加工步骤

加工步骤	加工方法图示和说明	所需工、量、刃具	检测结果
1. 检测、修整毛坯	1. 检测毛坯尺寸 $26_{+0.2}^{+0.3}\times31_{+0.2}^{+0.3}\times10$； 2. 用锉削的方法修整相邻直角边作为基准；保证相垂直度不大于 0.03 mm、平面度不大于 0.02 mm、表面粗糙度 Ra3.2	游标卡尺、刀口直角尺、刀口直尺 300、200 mm 粗、细平板锉	
2. 锉削 $26_{-0.03}^{0}$尺寸	1. 用高度尺划出 26 的加工线； 2. 用锉削的方法加工 $26_{-0.03}^{0}$尺寸，保证相垂直度不大于 0.03 mm、平面度不大于 0.02 mm、表面粗糙度 Ra3.2； 3. 锐角去毛刺	千分尺、杠杆百分表、百分表表架、测量平板、游标卡尺、刀口直角尺、刀口直尺 300、250、150 mm 粗、中细平板锉	

续表

加工步骤	加工方法图示和说明		所需工、量、刃具	检测结果
3. 划线	正确安放工件，选择正确的基准，用高度游标卡尺划出六边形两斜面加工线，并用游标卡尺复查所划加工线是否准确		高度游标卡尺、测量平板、靠铁	
4. 排料	锯削去除六边形两斜面的余料		锯弓、锯条	
5. 锉削加工六边形两斜面	杠杆百分表测量头 正弦规 工件 量块组 H 30° 测量平板 1. 用粗齿锉刀粗加工两斜面留精加工余量 0.15~0.2 mm； 2. 精加工两斜面保证尺寸一致，并保证两斜面的倾斜角度、平面度、与大平面的垂直度、表面粗糙度达到要求； 3. 各锐边去毛刺		杠杆百分表、量块、百分表表架、测量平板、正弦规、刀口角尺、刀口直尺、300、250、150 mm 平板锉	

续表

加工步骤	加工方法图示和说明	所需工、量、刃具	检测结果
6. 划线	正确安放工件，用已加工好的两斜面为基准，用高度游标卡尺划出六边形另外两斜面加工线，并用游标卡尺复查所划加工线是否准确	高度游标卡尺、测量平板、靠铁	
7. 排料	锯削去除六边形两斜面的余料	锯弓、锯条	
8. 锉削加工六边形	120°±2′　$26^{0}_{-0.03}$ 1. 用粗齿锉刀粗加工两面留精加工余量 0. 15~0. 2 mm； 2. 精加工两面保证尺寸 $26^{0}_{-0.03}$，并保证两面的角度、平面度、与大平面的垂直度、表面粗糙度达到要求； 3. 各锐边去毛刺	杠杆百分表、量块、百分表表架、测量平板、千分尺、刀口角尺、刀口直尺、300、250、150 mm 平板锉	

二、凹件加工

凹件如图3-14所示；凹件加工步骤如表3-5所示。

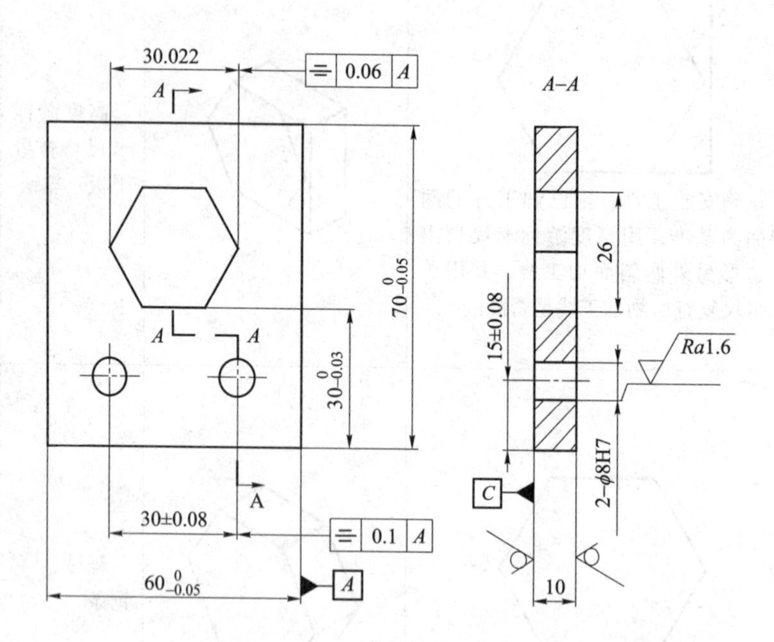

技术要求：
1. 各锉削加工面的平面度不大于0.03 mm。
2. 各锉削加工面与基准C面的垂直度不大于0.03 mm。
3. 所有锉削加工面表面粗糙度Ra3.2。
4. 孔口倒角C0.5,锐边去毛刺。

图3-14 凹件

表3-5 凹件加工步骤

加工步骤	加工方法图示和说明		所需工、量、刃具	检测结果
1. 检测、修整毛坯	1. 检测毛坯尺寸 $60^{+0.3}_{+0.2}\times70^{+0.3}_{+0.2}\times10$； 2. 用锉削的方法修整相邻直角边作为基准；保证相垂直度不大于0.03mm、平面度不大于0.02mm、表面粗糙度 *Ra*3.2		游标卡尺、刀口直角尺、刀口直尺300、200mm粗、细平板锉	

续表

加工步骤	加工方法图示和说明	所需工、量、刃具	检测结果
2. 锉削 60 × 70 × 10 的四方体	1. 用高度尺划出 60×70 的加工线； 2. 用锉削的方法加工 $60_{-0.03}^{\ 0}$ × $70_{-0.03}^{\ 0}$尺寸，保证相垂直度不大于 0.03mm、平面度不大于 0.02mm、表面粗糙度 *Ra*3.2； 3. 锐角去毛刺	千分尺、杠杆百分表、表架、百分表表架、测量平板、游标卡尺、刀口直角尺、刀口直尺 300、250、150mm 粗、中细平板锉	
3. 划线	正确安放工件，选择正确的基准，用高度游标卡尺划出凹件全部加工线，并用游标卡尺复查所划加工线是否准确，在线上冲出样冲眼	高度游标卡尺、测量平板、靠铁、手锤、样冲	

续表

加工步骤	加工方法图示和说明	所需工、量、刃具	检测结果
4. 钻排料孔	用 $\phi10$ 的钻头钻出排料孔，用 6×6 的方锉将孔修成如图所示形状	平口钳、钻床、$\phi10$ 钻头、6 × 6 方锉	
5. 排料	1. 将工件装夹在台虎钳上，把修磨后的锯条穿过排料孔，然后将锯条安装到锯弓上，按线锯削去除余料，留锉削粗精加工余量 0.3~0.5mm； 2. 注意用修磨后的锯削用力不能太大，防止锯条折断	锯弓、锯条	
6. 加工工件第 1、2、3 面	1. 用粗齿锉刀粗加工内腔留精加工余量 0.15~0.2mm； 2. 精加工第 1、2、3 面保证 $30^{0}_{-0.03}$、30.22 尺寸、120° 和对称度达到要求，并保证 1、2、3 面与大平面的垂直度、平面度和表面粗糙度达到要求； 3. 各锐边去毛刺	千分尺、杠杆百分表、量块、百分表表架、正弦规、测量平板、刀口角尺、刀口直尺、游标卡尺、300、250、150mm 平板锉 16×16 四方锉、整形锉	

三、配合加工和钻孔

配合加工和钻孔如表 3-6 所示。

以凹件已加工的两个面为基准，用凸件配作凹件的另外两个面，注意保证间隙和对称度达到图纸要求；孔的加工要求较高，应注意加工方法：

① 划线要细而清晰；

② 样冲要打正；

③ 小钻头定心要准；

④ 测量要精确；

⑤ 修孔要会计算加工余量；

⑥ 铰孔要注意方法。

表 3-6　配合加工和钻孔步骤

加工步骤	加工方法图示和说明		所需工、量、刃具	检测结果
1. 半精加工 3、4 两面	4 5 6 2 1 3 锉削加工 4、5、6 面，用百分表测量，留 0.02~0.03mm 作配合修整用；并保证垂直度、平行度和达到要求	4 6 5 3 2 1	千分尺、杠杆百分表、正弦规、测量平板、刀口角尺、刀口直尺、游标卡尺、300、250、150mm 平板锉 16×16 四方锉、整形锉	
2. 锉配加工	4 5 6 2 1 3 以六边形孔的 1、2、3 面为基准，用凸件试配精加工方孔的 4、5、6 面，直到凸件能完全配入间隙达到要求为止，并保证垂直度、平行度和粗糙度达到要求	4 6 5 3 2 1	千分尺、杠杆百分表、量块、百分表表架、测量平板、刀口角尺、刀口直尺、游标卡尺、300、250、150mm 平板锉 16×16 四方锉、整形锉	

续表

加工步骤	加工方法图示和说明		所需工、量、刃具	检测结果
3. 钻孔	15±0.08　70 $_{-0.05}^{0}$　2×10H7　30±0.08　0.1 A　Ra1.6　60 $_{-0.05}^{0}$　A 1. 划线打样冲（已完成）； 2. 用 $\phi3$ 钻头打定心孔，用 $\phi5$ 钻头扩孔，测量孔到边缘的距离，两孔之间的距离，孔的对称度是否符合要求，对不符合要求项目进行修整； 3. 用 $\phi7$ 钻头扩孔，再一次检测孔到边缘的距离，两孔之间的距离，孔的对称度是否符合要求，对不符合要求项目再次修整，确保尺寸、对称度符合要求； 4. 用 $\phi7.8$ 钻头扩孔，$\phi8H7$ 铰刀铰孔完成孔加工； 5. 用 $\phi10$ 钻头倒角； 6. 全面检测工件孔的距离、对称度、尺寸精度是否合格		游标卡尺、$\phi5$ 的圆锉	
4. 复检、去毛刺	1. 各锐边去毛刺； 2. 全面检测工件的平面度、垂直度、对称度、尺寸精度和配合间隙，并作必要的修正		千分尺、杠杆百分表、量块、百分表表架、测量平板、刀口角尺、刀口直尺、游标卡尺、、塞尺	

四、锉配注意事项

① 锉配件的划线要准确，线条要细而清晰，两面要一次划出。

② 锉配时的修锉部位，应在透光与涂色检查后从整体情况考虑，合理确定（特别要注意四角的接触情况），避免仅根据局部试配情况进行修锉，造成配合面局部间隙过大。

③ 整体试配时，四方体的轴线必须垂直于锉配件的大平面，否则不能反映正确的修整部位。

④ 在试配过程中，不能用锤子敲击，退出时也不能直接用锤子和硬质材料敲击，防止将锉配面咬毛和工件表面敲毛。

五、检测评价

对完成的工作进行检测评价，检测评价如表 3-7 所示。

表 3-7 锉配六方体检测评价表

项目	指标	分值	测评方式			备注
			自检	互检	专检	
任务检测	$26_{-0.03}^{0}$（3 处）	12				
	120°±2′（6 处）	12				
	⊥ 0.03 C（6 处）	12				
	*Ra*3. 2（6 处）	3				
	$60_{-0.05}^{0}$	4				
	$70_{-0.05}^{0}$	4				
	$30_{-0.03}^{0}$	4				
	⌯ 0.06 A	3				
	ϕ8H7（2 处）	2				
	*Ra*1. 6（2 处）	1				
	30±0. 08	2				
	15±0. 08（2 处）	4				
	⌯ 0. 1 A	3				
	*Ra*3. 2（10 处）	5				
	配合（正反）间隙 ≤0. 04（12 处）	24				
职业素养	安全文明生产	5				
合计		100				
综合评价						
心得						

任务总结

任务完成后对作品作全面的检测评价，并把自己的体会或发现记录在下面横线上：

项目四 平口钳的拆装

【项目概述】

通过平口钳或台虎钳的拆卸实习，让学习者了解平口钳的结构和主要零部件，熟悉平口钳夹紧工件的原理，增强对机械零件的认识。

任务一 认识平口钳

训练目标

1. 了解平口钳的结构和主要零部件。
2. 熟悉平口钳夹紧原理。

任务布置

图 4-1 所示为平口钳装配图。分析装配图，了解平口钳基本结构和夹紧原理。

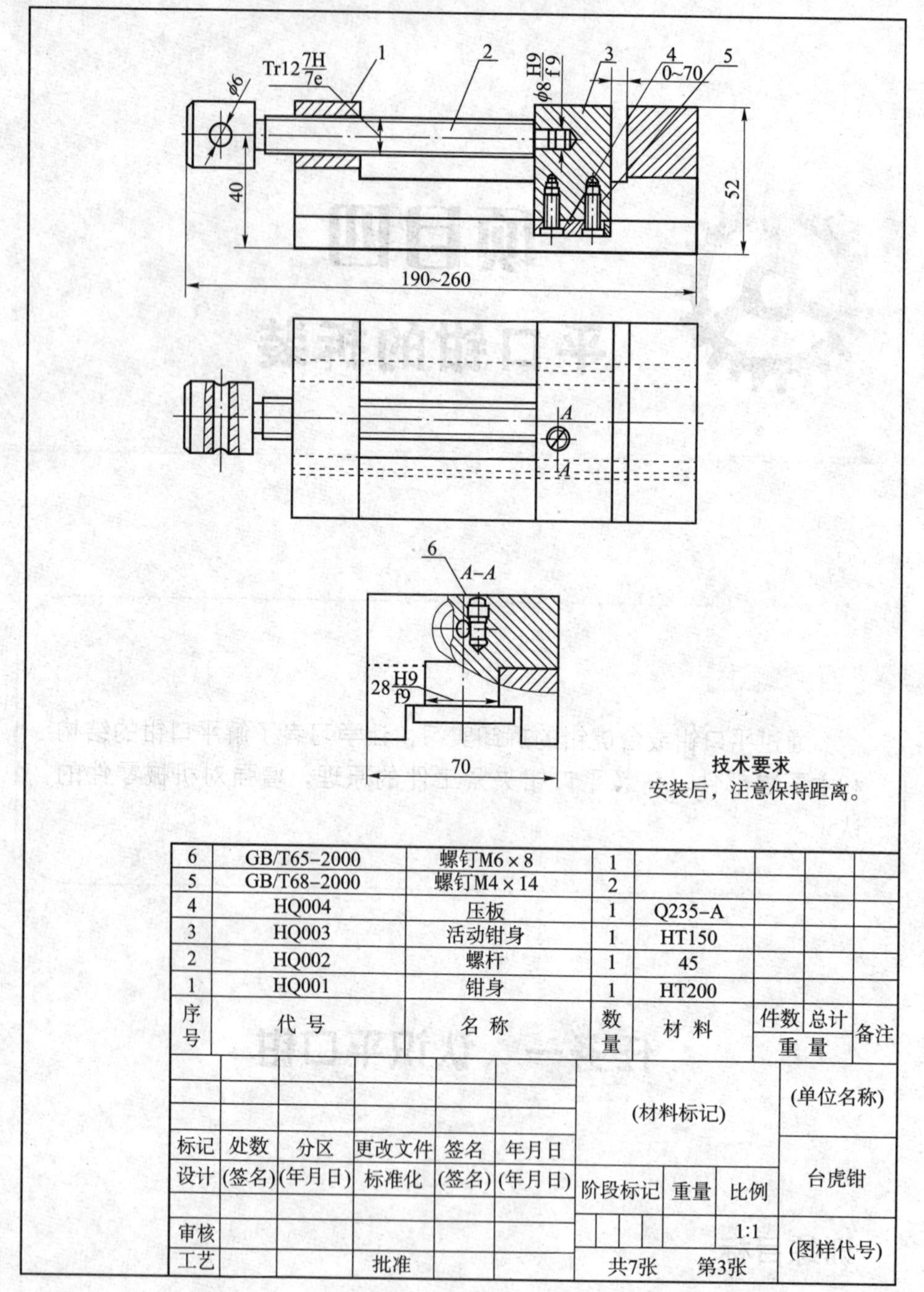

图 4-1　平口钳装配图

任务分析

通过分析装配图和观察实物可见，平口钳的夹紧是靠螺杆带动滑动螺母来实现的，主要由固定钳身、活动钳身、钳口铁等组成。

任务实施

一、认识平口钳

1. 平口钳

平口钳又名机用虎钳，是一种通用夹具，常用于安装小型工件。它是铣床、钻床的随机附件。将其固定在机床工作台上，用来夹持工件进行切削加工。如图 4-2 所示。

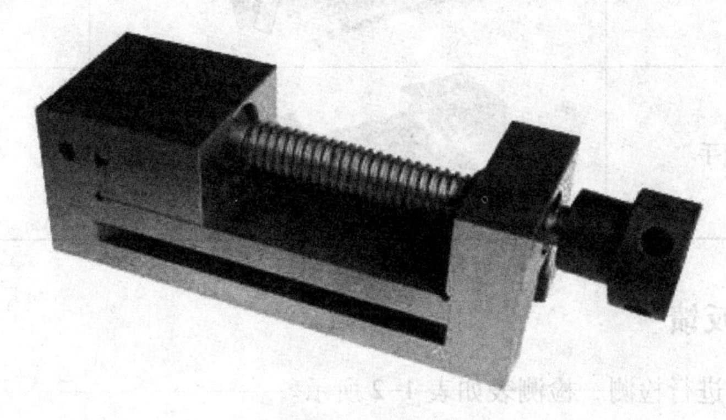

图 4-2　平口钳

2. 平口钳的工作原理

用扳手转动丝杠，通过丝杠螺母带动活动钳身移动，形成对工件的夹紧与松开。被夹工件的尺寸不得超过 70 mm。

3. 平口钳的构造

平口钳的装配结构是可拆卸的螺纹连接和销连接；活动钳身的直线运动是由螺旋运动转变的；工作表面是螺旋副、导轨副及间隙配合的轴和孔的摩擦面。由图 4-2 可见，平口钳组成简练、结构紧凑。

4. 平口钳装夹工件的注意事项

① 工件的被加工面必须高出钳口，否则就要用平行垫铁垫高工件。

② 为了能装夹得牢固，防止加工时工件松动，必须把比较光整的平面贴紧在垫铁和钳口上。要使工件贴紧在垫铁上，应该一面夹紧，一面用手锤轻击工件的表面，光洁的平面要用铜棒进行敲击以防止敲伤光洁表面。

5. 平口钳的特点

① 为了不使钳口损坏和保持已加工表面，夹紧工件时应在钳口处垫上铜片。用手挪动垫铁以检查夹紧程度，如有松动，说明工件与垫铁之间贴合不好，应该松开平口钳重新夹紧。

② 刚性不足的工件需要支实，以免夹紧力使工件变形。

二、应用平口钳的步骤和方法

应用平口钳的步骤和方法如表 4-1 所示。

表 4-1　平口钳的应用

操作步骤	操作方法图示	说　明
观察平口钳		
顺时针旋转扳手		夹紧工件
逆时针旋转扳手		松开工件

三、检测与反馈

对完成的工作进行检测，检测表如表 4-2 所示。

表 4-2　平口钳应用评价表

项目	指标	分值	测评方式			备注
			自检	互检	专检	
任务检测	正确指出各部分名称	20				
	正确说出各部分功能	30				
	正确使用平口钳	30				
职业素养	着装	5				
	安全文明生产	15				
合计		100				
综合评价						
心得						

任务总结

任务完成后对作品作全面的检测评价，并把自己的体会或发现记录在下面横线上：

____

____

____

____

任务二　拆卸平口钳

训练目标

1. 熟悉拆装工具的使用。
2. 熟悉平口钳的拆卸过程。

任务布置

根据平口钳装配图，按顺序拆卸平口钳，并合理选用拆卸工具。

任务分析

平口钳在拆卸时，要注意爱护设备和工具，妥善保管拆卸下的零件，不得损坏和丢失。

任务实施

一、机械拆卸的基本知识

1. 机械拆卸前的准备工作

拆卸工作是设备使用与维护中一个重要的环节。若在拆卸过程中存在考虑不周全、方法不恰当、工具选用不合理等问题，则可能造成被拆卸零件的损坏，甚至使整台设备的精度降低、工作性能受到严重影响。

为使拆卸工作能够顺利进行，必须做好拆卸前的一系列准备工作。首先，仔细研究设备的技术资料，认真分析设备的结构特点，传动系统、零部件的结构特点、配合性质和互相位置关系。其次，明确它们的用途，在熟悉以上各项内容的基础上，确定拆卸方法，选用合理的工具。最后，进行拆卸。

2. 机械拆卸的顺序及注意事项

在拆卸设备时，应按照与装配相反的顺序进行，一般是由外向内，从上向下，先拆成部件或组件，再拆成零件。在拆卸过程中应注意以下事项。

① 对不易拆卸或拆卸后会降低连接质量和易损坏的连接件，应尽量不拆卸，如密封连接、过盈连接、铆接及焊接等连接件。

② 拆卸时用力应适当，特别要注意对主要部件的拆卸，不能使其发生任何程度的损坏。

对于彼此互相配合的连接件，在必须损坏其中一个的情况下，应保留价值较高、制造困难或质量较好的零件。

③ 用锤击法敲击零件时，必须垫加较软的衬垫，或用较软材料的锤子或冲击棒，以防损坏零件表面。

④ 对于长径比值较大的零件，如较精密的细长轴、丝杠等零件，拆下后应竖直悬挂；对于重型零件，需用多个支点支撑后卧放，以防变形。

⑤ 拆卸下来的零件应尽快清洗和检查。对于不需要更换的零件，要涂上防锈油；对于一些精密的零件，最好用油纸包好，以防锈蚀或碰伤；对于零部件较多的设备，最好以部件为单位放置，并做好标记。

⑥ 对于拆卸下来的那些较小的或容易丢失的零件，如紧定螺钉、螺母、垫圈等，清洗后能装上的尽量装上，防止丢失。轴上的零件在拆卸后最好按原来的次序临时装到轴上，或用铁丝穿到一起放置，这会给最后的装配工作带来很大的方便。

⑦ 拆卸下来的导管、油杯等油、水、气的通路及各种液压元件，清洗后均需将进、出口进行密封，以免灰尘、杂质等物侵入。

⑧ 在拆卸旋转部件时，应注意尽量不破坏原来的平衡状态。

⑨ 对于容易产生位移而又无定位装置或方向性的连接件，在拆卸后应做好标记，以便装配时容易辨认。

二、平口钳拆装常用工具

平口钳拆装常用工具见表 4-3。

表 4-3　平口钳拆装常用工具

名　称	图　示
螺钉起子	
手锤	
内六角扳手	

三、平口钳拆卸步骤

平口钳拆卸步骤如表 4-4 所示。

表 4-4　平口钳拆卸步骤

操作步骤	操作方法图示或说明	所用工具	自检
准备工作			
拆卸压板		内六角扳手	
		（略）	
拆卸活动钳身		（略）	
拆卸螺杆		（略）	

续表

操作步骤	操作方法图示或说明	所用工具	自检
清理	 	代用巾、毛刷	
拆卸完成		（略）	

四、检测与反馈

对完成的工作进行检测，检测表如表 4-5 所示。

表 4-5　平口钳拆卸检测评价表

项目	指标	分值	测评方式			备注
			自检	互检	专检	
任务检测	合理选择拆卸工具	20				
	正确使用拆卸工具	20				
	正确标记各零件	20				
	清理各零件	20				
职业素养	着装	5				
	安全文明生产	15				
合计		100				
综合评价						
心得						

任务总结

任务完成后对作品作全面的检测评价，并把自己的体会或发现记录在下面横线上：

____

____

____

____

任务三　组装平口钳

训练目标

熟悉平口钳的装配过程。

任务布置

根据平口钳装配图，按顺序装配平口钳，并合理选用装配工具。

任务分析

平口钳在装配时，固定钳身及活动钳身的刮、研工作要事先完成，并达到规定要求。

任务实施

一、机械装配的基本知识

1. 机械装配前的准备工作

① 研究产品装配图、工艺文件及技术资料，了解产品的结构，熟悉各零件、部件的作用、相互关系和连接方法。

② 确定装配方法，准备所需要的工具。

③ 零件的清洗与清理。

在装配过程中，零件的清洗与清理工作对提高装配质量、延长设备使用寿命具有十分重要的意义，特别是对轴承、液压元件、精密配合件、密封件和有特殊要求的零件更为重要。

如果清洗和清理工作做得不好，会使轴承发热、产生噪声，并加快磨损，很快失去原有的精度；对于滑动表面，可能造成拉伤，甚至咬死；对于油路，可能造成油路阻塞，使转动配合件得不到良好的润滑，使磨损加剧，甚至损坏咬死。

2. 机械装配的顺序

在装配设备时，应按照与拆卸相反的顺序进行。装配前应先试装，达到要求后再进行装配。

二、平口钳装配步骤

平口钳的装配步骤如表4-6所示。

表4-6　平口钳装配步骤

操作步骤	操作方法图示或说明	自检
准备工作		
去除螺杆毛刺		
螺杆加润滑油		
装螺杆		
去除活动钳身毛刺	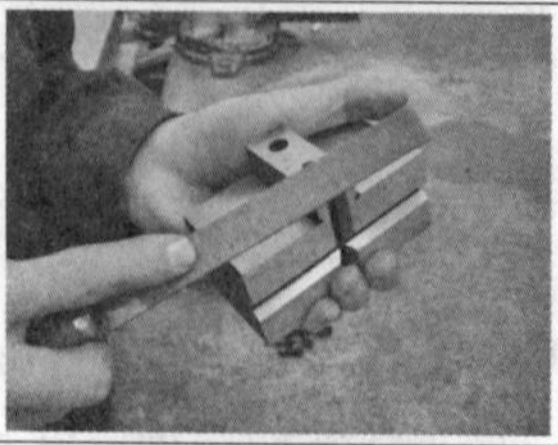	

续表

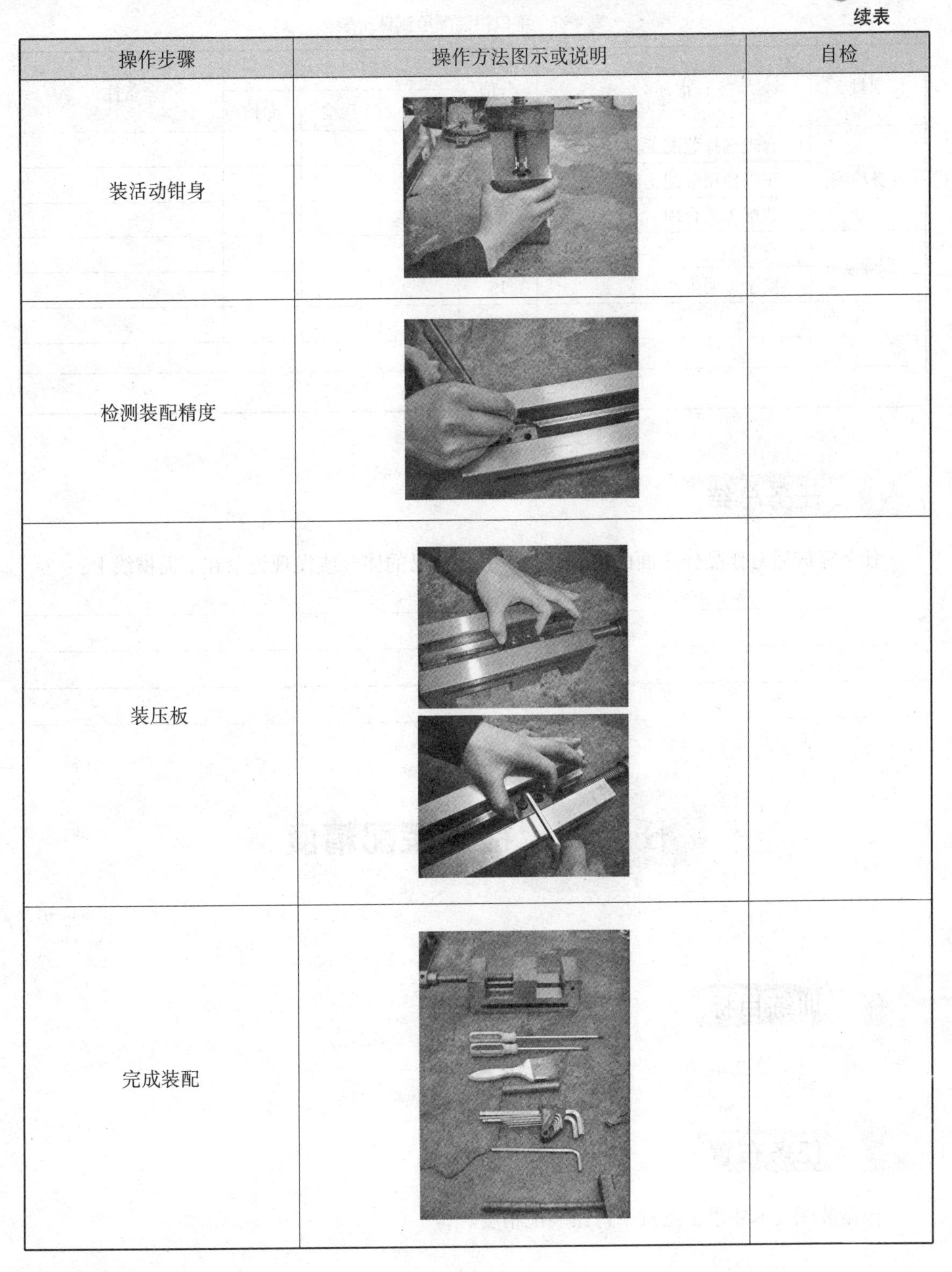

操作步骤	操作方法图示或说明	自检
装活动钳身		
检测装配精度		
装压板		
完成装配		

三、检测与反馈

对完成的工作进行检测，检测如表 4-7 所示。

表4-7　平口钳装配检测评价表

项目	指标	分值	测评方式			备注
			自检	互检	专检	
任务检测	合理选择装配工具	20				
	正确使用装配工具	30				
	装配工艺合理	30				
职业素养	着装	5				
	安全文明生产	15				
合计		100				
综合评价						
心得						

任务总结

任务完成后对作品作全面的检测评价，并把自己的体会或发现记录在下面横线上：

____

____

____

____

任务四　检测装配精度

训练目标

熟练使用测量工具测量装配精度。

任务布置

根据装配技术要求，测量平口钳装配精度。

任务分析

机械产品装配完成后，应根据有关技术标准和规定，对产品进行较全面的检验和试验工

作，合格后方准出厂。平口钳装配完成后，要保证固定钳身上导轨下滑面及底平面、底盘和下表面的平行度误差小于 0.01 mm，表面粗糙度小于 *Ra*6.3，导轨两侧平行度误差小于 0.01 mm，表面粗糙度小于 *Ra*1.6，活动钳身上凹面表面粗糙度小于 *Ra*1.6，两侧表面粗糙度小于 *Ra*3.2。两钳口装配后的间隙要求达到 0.02 mm。

任务实施

一、拆装常用量具

拆装基本操作中常用的量具有钢尺、刀口直尺、内外卡钳、游标卡尺、千分尺、直角尺、量角器、塞尺、量块和百分表等。

二、测量平口钳装配精度的步骤

测量平口钳装配精度的步骤如表 4-8 所示。

表 4-8 平口钳装配精度检测步骤

操作步骤	操作方法图示或说明	所用工具	自检
检测活动钳身与固定钳身的配合间隙		塞尺	
检测导轨平面度		百分表	
检测固定钳身平面度		百分表	
检测固定钳身钳口平面度		百分表	

三、检测与反馈

对完成的工作进行检测，检测如表4-9所示。

表4-9 平口钳装配精度检测评价表

项目	指标	分值	测评方式			备注
			自检	互检	专检	
任务检测	合理选择检测量具	20				
	正确使用量具	30				
	评价测量结果	30				
职业素养	着装	5				
	安全文明生产	15				
合计		100				
综合评价						
心得						

任务总结

任务完成后对作品作全面的检测评价，并把自己的体会或发现记录在下面横线上：

项目五 齿轮泵的拆装

【项目概述】

齿轮泵的拆装是机械专业学生学习拆装技术过程中比较典型的一项综合练习，既掌握了齿轮泵的工作原理，也通过它的拆卸与装配更进一步认识齿轮泵的结构与其工作性能。

任务一 认识齿轮泵

训练目标

1. 了解齿轮泵的工作原理及用途；
2. 理解齿轮泵的相关国家标准；
3. 掌握齿轮泵的结构特点、类型及困油现象；
4. 掌握齿轮泵的常见故障及维修方法。

任务布置

通过对齿轮泵的结构及工作原理分析，掌握齿轮泵的结构特点、性能提高的方法，并掌握一定的齿轮泵故障维修的知识。在此基础上，合理选用工具进行齿轮泵的拆装。

任务分析

分析齿轮泵的工作原理和结构特点，掌握齿轮泵的常见故障及维修方法、难点、要点及所需的知识和技能。

任务实施

一、齿轮泵的用途

齿轮泵的外形结构如图 5-1 所示。

齿轮泵用于输送黏性较大的液体（如润滑油和燃烧油），不宜输送黏性较低的液体（如水和汽油等），也不宜输送含有颗粒杂质的液体。齿轮泵可作为润滑系统油泵和液压系统油泵，广泛用于发动机、汽轮机、离心压缩机、机床以及其他设备。齿轮泵工艺要求高，不易获得精确的匹配。

1. 齿轮泵的工作原理简介

齿轮泵的概念是很简单的，即它的最基本形式就是两个尺寸相同的齿轮在一个紧密配合的壳体内相互啮合旋转，这个壳体的内部类似“8”字形，其外形如图 5-2所示。两个齿轮装在里面，齿轮的外径及两侧与壳体紧密配合。来自于挤出机的物料在吸入口进入两个齿轮中间，并充满这一空间，随着齿的旋转沿壳体运动，最后在两齿啮合时排出。

图 5-1　齿轮泵

图 5-2　齿轮泵壳体

在术语上讲，齿轮泵也叫正排量装置，即像一个缸筒内的活塞，当一个齿进入另一个齿的流体空间时，液体就被机械性地挤排出来。因为液体是不可压缩的，所以液体和齿就不能在同一时间占据同一空间，这样，液体就被排除了。由于齿的不断啮合，这一现象就连续在发生，因而也就在泵的出口提供了一个连续排出量，泵每转一转，排出的量是一样的。随着驱动轴不间断地旋转，泵也就不间断地排出流体。泵的流量直接与泵的转速有关。

实际上，在泵内有很少量的流体损失，这使泵的运行效率不能达到100%，因为这些流体被用来润滑轴承及齿轮两侧，而泵体也绝不可能无间隙配合，故不能使流体100%地从出口排出，所以少量的流体损失是必然的。然而泵还是可以良好地运行，对大多数挤出物料来说，仍可以达到93%~98%的效率。

对于黏度或密度在工艺中有变化的流体，这种泵不会受到太多影响。如果有一个阻尼器，比如在排出口侧放一个滤网或一个限制器，泵则会推动流体通过它们。如果这个阻尼器在工作中变化，亦即如果滤网变脏、堵塞了，或限制器的背压升高了，则泵仍将保持恒定的流量，直至达到装置中最弱部件的机械极限（通常装有一个扭矩限制器）。

对于一台泵来说，其转速实际上是有限制的，这主要取决于工艺流体，如果传送的是油类，泵则能以很高的速度转动，但当流体是一种高黏度的聚合物熔体时，这种限制就会大幅度降低。推动高黏度流体进入吸入口一侧的两齿空间是非常重要的，如果这一空间没有填充满，则泵就不能排出准确的流量，所以$P \cdot V$值（压力×流速）也是另外一个限制因素，而且是一个工艺变量。由于这些限制，齿轮泵制造商将提供一系列产品，即不同的规格及排量(每转一周所排出的量)。这些泵将与具体的应用工艺相配合，以使系统能力及价格达到最优。

齿轮泵由一个独立的电机驱动，可有效地阻断上游的压力脉动及流量波动。在齿轮泵出口处的压力脉动可以控制在1%以内。在挤出生产线上采用一台齿轮泵，可以提高流量输出速度，减少物料在挤出机内的剪切及驻留时间，降低挤塑温度及压力脉动以提高生产率及产品质量。

2. 齿轮泵运行维护

（1）启动

① 启动前检查全部管路法兰、接头的密封性。

② 盘动联轴器无摩擦及碰撞声音。

③ 首次启动应向泵内注入输送液体。

④ 启动前应全开吸入和排出管路中的阀门，严禁闭阀启动。

⑤ 验证电动机转动方向后，启动电动机。

（2）停车

① 关闭电动机。

② 关闭泵的进、出口阀门。

3. 齿轮泵相关国家标准，如表 5-1 所示。

表 5-1　齿轮泵相关国家标准

型	名　称
JB/T 7041—2006	液压齿轮泵
JIS B8312—2002	齿轮泵和螺杆泵水力性能验收试验
JB/T 51055—1999	农用齿轮泵产品质量分等
JB/T 53312—1999	齿轮泵产品质量分等
JB/T 58211—1999	液压齿轮泵（2.5 MPA、10~25 MPA）产品质量分等
JIS B8352—1999	液压齿轮泵
JB/T 9835.2—1999	农用齿轮泵安装法兰和轴伸的尺寸系列和标记
JB/T 9835.1—1999	农用齿轮泵技术条件
MT/T 573—1996	矿用液压齿轮泵试验方法
CB/T 3719—1995	船用高压齿轮泵技术条件
CB/T 3701—1995	船用齿轮泵修理技术要求
SC/T 8038—1994	渔船 CB 型和 HY01 型齿轮泵修理技术要求
JIS B8408—1994	喷枪式燃烧器用齿轮泵
JB/T 7042—1993	液压齿轮泵试验方法
JB/T 7041—1993	液压齿轮泵技术条件
JB/T 6434—1992	输油齿轮泵
CBM 2209—1982	船用电动齿轮泵试验方法
CBM 2207—1982	船用电动齿轮泵型式和基本参数
CBM 2208—1982	船用电动齿轮泵技术条件

二、齿轮泵的结构分析

1. 齿轮泵的类型

齿轮泵按照其啮合形式的不同，有外啮合和内啮合两种，其中外啮合齿轮泵应用较广。

（1）外啮合齿轮泵

如图 5-3 所示图形，外啮合双齿轮泵的结构。一对相互啮合的齿轮和泵缸把吸入腔和排出腔隔开。齿轮转动时，吸入腔侧轮齿相互脱开处的齿间容积逐渐增大，压力降低，液体在压差作用下进入齿间。随着齿轮的转动，一个个齿间的液体被带至排出腔。这时排出腔侧轮齿啮合处的齿间容积逐渐缩小，而将液体排出。齿轮泵适用于输送不含固体颗粒、无腐蚀性、黏度范围较大的润滑性液体。泵的流量可至 $300m^3/h$，压力可达 $3×10^7$ Pa。它通常用做液压泵和输送各类油品。

外啮合齿轮泵结构简单紧凑，制造容易，维护方便，有自吸能力，但流量、压力脉动较大且噪声大。齿轮泵必须配带安全阀，以防止由于某种原因如排出管堵塞使泵的出口压力超过容许值而损坏泵或原动机。

图 5-3　外啮合齿轮泵爆炸图

（2）内啮合齿轮泵

齿轮泵的两个齿轮形状不同，齿数也不一样。其中一个为环状齿轮，能在泵体内浮动，中间一个是主动齿轮，与泵体成偏心位置。环状齿数较主动齿轮多一齿，主动齿轮带动环状齿轮一起转动，利用两齿间空间的变化来输送液体。另有一种内齿轮泵是环状齿轮较主动齿轮多两齿，在两齿轮间装有一块固定的月牙形隔板，把吸排空间明显隔开了。在排出压力和流量相同的情况下，内齿轮泵的外形尺寸较外齿轮泵小。

内齿轮泵是一种常用的液压泵，它的主要特点是结构简单，制造方便，价格低廉，体积小，重量轻，自吸性好，对油液污染不敏感，工作可靠；其主要缺点是流量和压力脉动大，噪声大，排量不可调。齿轮泵被广泛地应用于采矿设备、冶金设备、建筑机械、工程机械、农林机械等各个行业。

2. 困油现象

齿轮泵要平稳地工作，齿轮啮合时的重叠系数必须大于 1，即至少有一对以上的轮齿同时啮合，因此，在工作过程中，就有一部分油液困在两对轮齿啮合时所形成的封闭油腔之内，这个密封容积的大小随齿轮转动而变化。

受困油液受到挤压而产生瞬间高压，密封容腔的受困油液若无油道与排油口相通，油液将从缝隙中被挤出，导致油液发热，轴承等零件也受到附加冲击载荷的作用；若密封容积增大时，无油液的补充，又会造成局部真空，使溶于油液中的气体分离出来，产生气穴，这就是齿轮泵的困油现象。

（1）危害

径向不平衡力很大时能使轴弯曲、齿顶与壳体接触，同时加速轴承的磨损，降低轴承的寿命。

（2）措施

为了减小径向不平衡力的影响，通常采取减小压油口的办法；减少齿轮的齿数，这样减小了齿顶圆直径，使承压面积减小；适当增大径向间隙。

3. 齿轮泵性能提高的方法

（1）提高齿轮油泵性能的可行回路

齿轮油泵因受定排量的结构限制，通常认为齿轮泵仅能作恒流量液压源使用。然而，附

件及螺纹连接组合阀方案对于提高其功能、降低系统成本及提高系统可靠性是有效的，因而，齿轮油泵的性能可接近价昂、复杂的柱塞泵。

（2）在泵上直接安装控制阀

可省去泵与方向阀之间管路，从而控制了成本。较少管件及连接件可减少泄漏，从而提高工作可靠性。而且泵本身安装阀可降低回路的循环压力，提高其工作性能。

4. 齿轮泵输出流量不够的原因及排除方法

（1）产生原因

① 内外转子的齿侧间隙太大，使吸压油腔互通，容积效率显著降低，输出流量不足。

② 轴向间隙太大。

③ 吸油管路中的结合面处密封不严等原因，使泵吸进空气，有效吸入流量减少。

④ 吸油不畅，如因油液黏度过大、滤油器被污物堵塞等导致吸入流量减少。

⑤ 溢流阀卡死在半开度位置，泵来的流量一部分通过溢流阀返回油箱，而使得进入系统的流量不足。此时伴随出现系统压力上不去的故障。

（2）排除方法

① 更换内外转子，使齿侧隙在规定的范围内（一般小于0.07 mm）。

② 研磨泵体两端面，保证内外转子装配后轴向间隙在0.02~0.05 mm内。

③ 更换破损的吸油管密封，用聚四氟乙烯带包扎好管接头螺纹部分再拧紧管接头。

④ 选用合适黏度的油液，清洗进油滤油器使吸油畅通，并酌情加大吸油管径。

⑤ 修理溢流阀，排除溢流阀部分短接油箱造成泵有效流量减少的现象。

三、检测与反馈

对完成的工作进行检测，检测表如表5-2所示。

表5-2　齿轮泵的认知评价表

项目	指标	分值	测评方式			备注
			自检	互检	专检	
任务检测	正确指出各部分名称	20				
	正确说出各部分功能	30				
	正确说出工作原理	30				
职业素养	着装	5				
	安全文明生产	15				
合计		100				
综合评价						
心得						

任务总结

任务完成后对作品作全面的检测评价，并写下自己的体会或发现记录在下面横线上：

任务二 拆卸齿轮泵

训练目标

1. 通过齿轮泵的拆卸实习，让学生更进一步了解齿轮泵的结构、工作原理及主要零部件，熟悉齿轮泵进、出油口位置；

2. 掌握齿轮泵的拆卸过程，通过熟练拆卸达到掌握技术要领的目的。

任务布置

熟练使用各类拆卸工具对齿轮泵进行拆卸，掌握齿轮泵的拆卸技术要领。学会分析拆卸程序是否正确；所使用的工艺方法是否得当；是否符合技术规范。能够正确地对零件进行外部检查；测量数据分析和结论是否正确。

任务分析

分析齿轮泵的拆卸注意事项及需要掌握的技术要点。分析齿轮泵的拆卸工艺方法是否得当。

任务实施

一、拆卸齿轮泵的顺序及注意事项

1. 齿轮泵的拆装顺序要点

① 正确选取拆装工具和量具。

② 拆卸程序是否正确。

③ 所使用的工艺方法是否得当，是否符合技术规范。

④ 能够正确地对零件进行外部检查。

⑤ 拆装完毕后工具的整理是否符合规范。

⑥ 测量数据分析和结论是否正确。

2. 齿轮泵拆装的注意事项

① 预先准备好拆卸工具。

② 螺钉要对称松卸。

③ 拆卸时应注意做好记号。

④ 注意碰伤或损坏零件和轴承等。

⑤ 紧固件应借助专用工具拆卸，不得任意敲打。

二、拆卸齿轮泵的步骤

① 切断电动机电源，并在电气控制箱上打好“设备检修，严禁合闸”的警告牌。

② 关闭管路上吸、排截止阀。

③ 旋开排出口上的螺塞，将管系及泵内的油液放出，然后拆下吸、排管路。

④ 用内六角扳手将输出轴侧的端盖螺丝拧松（拧松之前在端盖与本体的结合处做上记号），并取出螺丝。

⑤ 用螺丝刀轻轻沿端盖与本体的结合面处将端盖撬松，注意不要撬太深，以免划伤密封面，因为密封主要靠两密封面的加工精度及泵体密封面上的卸油槽来实现的。

⑥ 将端盖板拆下，将主、从动齿轮取出，注意将主、从动齿轮与对应位置做好记号。

⑦ 用煤油或轻柴油将拆下的所有零部件进行清洗并放于容器内妥善保管，以备检查和测量。

三、拆卸某型号的齿轮泵

拆卸齿轮泵的步骤如表5-3所示。

表5-3　拆卸齿轮泵的步骤

操作步骤	操作方法图示或说明	所用工具	自检
拆螺钉		内六角扳手	
拆端盖		铜棒 一字起	

续表

操作步骤	操作方法图示或说明	所用工具	自检
拆垫片			
拆压盖螺母		活络扳手	
拆填料压盖			
拆锁紧螺母		勾头扳手	
拆主动轴		铜棒	
拆主动齿轮	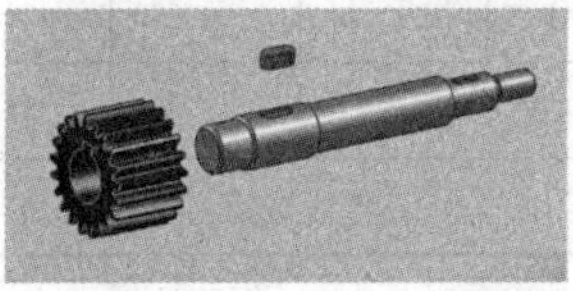	铜棒　台虎钳	

续表

操作步骤	操作方法图示或说明	所用工具	自检
拆从动轴		铜棒	
拆从动齿轮		铜棒　台虎钳	
拆填料			

四、检测与反馈

拆卸某型号的齿轮泵质量评价，如表 5-4 所示。

表 5-4　拆卸齿轮泵检测评价表

项目	指标	分值	测评方式			备注
			自检	互检	专检	
任务检测	合理选择拆卸工具	20				
	正确使用拆卸工具	20				
	正确标记	20				
	零件清理	20				
职业素养	着装	5				
	安全文明生产	15				
合计		100				
综合评价						
心得						

任务总结

任务完成后对作品作全面的检测评价，并把自己的体会或发现记录在下面横线上：

____

____

____

____

____

任务三　组装齿轮泵

训练目标

通过齿轮泵的装配实习，让学生掌握齿轮泵的组装过程，熟练掌握装配的技术要领。

任务布置

熟练使用各类工具，通过对齿轮泵进行装配，掌握齿轮泵的装配技术要领：拆卸顺序是否正确；所使用的工艺方法是否得当；是否符合技术规范。

任务分析

分析齿轮泵的组装注意事项及需要掌握的技术要点。齿轮泵的装配工艺方法是否得当。

任务实施

一、装配齿轮泵的顺序及注意事项

齿轮泵装配时一般分为以下几个步骤：

① 修整去掉各部位毛刺，用油石修磨，齿端部不许倒角，然后认真清洗各零件。

② 检测各零件，应保证齿轮宽度小于泵体厚度 0.02~0.03 mm，装配后的齿顶圆与泵体弧面间隙应在 0.13~0.16 mm，值得注意的是：泵体与端盖配合接触面间不加任何密封垫。

③ 各零件装配后插入定位销，然后对角交叉均匀力紧固各螺钉。

④ 齿轮泵装配后用手转动输入轴，应转动灵活，无阻滞现象。

⑤ 如果是维修后的齿轮泵部件，应注意其工作时，工作压力波动应在 0. 147 MPa 以内。

二、装配齿轮泵的工艺与修复

齿轮泵是由泵体、泵盖、齿轮、轴承套以及轴端密封等零部件组成。齿轮均经氮化处理，有较高的硬度和耐磨性，与轴一同安装在轴套内。泵内所有运转部件均利用其输送的介质润滑。

随着使用时间的增长，齿轮泵会出现泵油不足，甚至不泵油等故障，主要原因是有关部位磨损过大。齿轮式润滑油泵的磨损部位主要有主动轴与衬套、被动齿轮中心孔与轴销、泵壳内腔与齿轮、齿轮端面与泵盖等。齿轮泵磨损后其主要技术指标达不到要求时，应将齿轮泵拆卸分解，查清磨损部位及程度，采取相应办法予以修复。

1. 主动轴与衬套磨损后的修复

齿轮油泵主动轴与衬套磨损后，其配合间隙增大，必将影响泵油量。遇此，可采用修主动轴或衬套的方法恢复其正常的配合间隙。若主动轴磨损轻微，只需压出旧衬套后换上标准尺寸的衬套，配合间隙便可恢复到允许范围。若主动轴与衬套磨损严重且配合间隙严重超标时，不仅要更换衬套，而且主动轴也应用镀铬或振动堆焊法将其直径加大，然后再磨削到标准尺寸，恢复与衬套的配合要求。

2. 润滑油泵壳体的修理

（1）壳体裂纹的修理

壳体裂纹可用铸 508 镍铜焊条焊补。焊缝须紧密而无气孔，与泵盖结合面平面度误差不大于 0. 05 mm。

主动轴衬套孔与从动轴孔磨损的修理：主动轴衬套孔磨损后，可用铰削方法消除磨损痕迹，然后配用加大至相应尺寸的衬套。从动轴孔磨损也以铰削法消除磨损痕迹，然后按铰削后孔的实际尺寸配制从动轴。

（2）阀座的修理

限压阀有球形阀和柱塞式阀两种。球形阀座磨损后，可将一钢球放在阀座上，然后用金属棒轻轻敲击钢球，直到球阀与阀座密合为止。如阀座磨损严重，可先铰削除去磨痕，再用上法使之密合。柱塞式阀座磨损后，可放入少许气门砂进行研磨，直到密合为止。

（3）齿轮泵壳内腔的修理

泵壳内腔磨损后，一般采取内腔镶套法修复，即将内腔搪大后镶配铸铁或钢衬套。镶套后，将内腔搪到要求的尺寸，并把伸出端面的衬套磨去，使其与泵壳结合面平齐。

3. 齿轮泵盖的修理

（1）工作平面的修理

若齿轮泵盖工作平面磨损较小，可用手工研磨法消除磨损痕迹，即在平台或厚玻璃板上放少许气门砂，然后将泵盖放在上面进行研磨，直到磨损痕迹消除，工作表面平整为止。当泵盖工作平面磨损深度超过 0. 1 mm 时，应采取先车削后研磨的办法修复。

（2）主动轴衬套孔的修理

齿轮泵盖上的主动轴衬套孔磨损的修理与壳体主动轴衬套孔磨损的修理方法相同。

4. 齿轮泵的翻转使用

齿轮泵齿轮磨损主要是在齿厚部位，而齿轮端面和齿顶的磨损都相对较轻。齿轮在齿厚部位都是单侧磨损，所以可将齿轮翻转 180°使用。当齿轮端面磨损时，可将端面磨平，同时研磨润滑油泵壳体结合面，以保证齿轮端面与泵盖的间隙在标准范围内。

三、组装某型号的齿轮泵

组装某型号的齿轮泵的步骤如表 5-5 所示。

表 5-5　组装齿轮泵的步骤

操作步骤	操作方法图示或说明	所用工具	自检
准备工作	准备代用巾、毛刷、手锤、起子等	代用巾、毛刷、手锤、起子等	
组装从动轴		铜棒 台虎钳	
组装主动轴		铜棒 台虎钳	
装配主、从动轴		铜棒 台虎钳	
装垫片			

续表

操作步骤	操作方法图示或说明	所用工具	自检
装端盖			
装螺钉		内六角扳手	
装填料、填料压盖螺母、压盖螺母		勾头扳手 活络扳手 一字起	

四、检测与反馈

组装某型号的齿轮泵质量评价，如表5-6所示。

表5-6　组装某型号的齿轮泵检测评价表

项目	指标	分值	测评方式			备注
			自检	互检	专检	
任务检测	合理选择装配工具	20				
	正确使用装配工具	30				
	装配工艺合理	30				
职业素养	着装	5				
	安全文明生产	15				
合计		100				
综合评价						
心得						

任务总结

任务完成后对作品作全面的检测评价，并将自己的体会或发现记录在下面横线上：

____

____

____

____

____

任务四 检测装配精度

训练目标

掌握对装配后的齿轮泵进行检测的技术要领。

任务布置

熟练使用各类工具，通过对齿轮泵进行检测，掌握齿轮泵的检测技术要领。

任务分析

分析对齿轮泵进行检测的要领办法是否得当。

任务实施

一、检查齿轮泵

齿轮泵常见故障及维修方法。

1. 泵不能排料

(1) 故障原因

① 旋转方向相反。

② 吸入或排出阀关闭。

③ 入口无料或压力过低。

④ 黏度过高，泵无法咬料。

（2）对策

① 确认旋转方向。

② 确认阀门是否关闭。

③ 检查阀门和压力表。

④ 检查液体黏度，以低速运转时按转速比例的流量是否出现，若有流量，则流入不足。

2. 泵流量不足

（1）故障原因

① 吸入或排出阀关闭。

② 入口压力低。

③ 出口管线堵塞。

④ 填料箱泄漏。

⑤ 转速过低。

（2）对策

① 确认阀门是否关闭。

② 检查阀门是否打开。

③ 确认排出量是否正常。

④ 紧固。

⑤ 大量泄漏影响生产时，应停止运转，拆卸检查。

⑥ 检查泵轴实际转速。

3. 声音异常

（1）故障原因

① 联轴节偏心大或润滑不良。

② 电动机故障。

③ 减速机异常。

④ 轴封处安装不良。

⑤ 轴变形或磨损。

（2）对策

① 找正或充填润滑脂。

② 检查电动机。

③ 检查轴承和齿轮。

④ 检查轴封。

⑤ 停车解体检查。

4. 电流过大

（1）故障原因

① 出口压力过高。

② 熔体黏度过大。

③ 轴封装配不良。

④ 轴或轴承磨损。

⑤ 电动机故障。

(2) 对策

① 检查下游设备及管线。

② 检验黏度。

③ 检查轴封，适当调整。

④ 停车后检查，用手盘车是否过重。

⑤ 检查电动机。

5. 泵突然停止

(1) 故障原因

① 停电。

② 电机过载保护。

③ 联轴器损坏。

④ 出口压力过高，联锁反应。

⑤ 泵内咬入异常。

⑥ 轴与轴承粘着卡死。

(2) 对策

① 检查电源。

② 检查电动机。

③ 打开安全罩，盘车检查。

④ 检查仪表联锁系统。

⑤ 停车后，正反转盘车确认。

⑥ 盘车确认。

二、齿轮泵的间隙测量

1. 用压铅法测量齿轮泵的啮合间隙

具体方法为：选择合适的软铅丝，一般软铅丝直径在 0.5~1 mm，截取三段软铅丝，每段长度能围住一个齿面为宜，用机械用凡士林将三段软铅丝等距粘在从动齿轮一只轮齿的齿宽方向上，装好主、从动齿轮（注意啮合软铅丝的齿应处于排出腔)，并在泵壳外部做好标记，装配好齿轮泵盖和传动装置，然后顺泵的转向转动齿轮泵的主动轴，将啮合软铅丝的齿转到吸入腔，拆解齿轮泵，拆卸主、从动齿轮，取下软铅片并清洁，用外径千分尺测量每道铅丝片在轮齿啮合处的厚度，将同一铅丝片厚度相加，即为齿轮泵齿与齿的啮合间隙。对于直齿型齿轮泵，也可用塞尺测量齿与齿间啮合间隙，即装配好主、从动齿轮，用塞尺测量两啮合齿接触面的间隙，测量点要选在齿轮上相隔大约 120° 的三点位置上，然后求平均值，齿轮啮合间隙应在 0.04~0.08 mm，最大不超过 0.12 mm，间隙过大时，应成对更换新齿轮。

2. 测量齿轮泵的轴向间隙（端面间隙）

齿轮泵的端面（轴向）间隙是其内部的主要泄漏处，通常用“压铅丝”测量，具体

方法是：选择合适的软铅丝，其直径一般为被测规定间隙的1.5倍，截取两段长度等于节圆直径的软铅丝，用机械凡士林将圆形软铅丝粘于齿轮端面，装上泵盖，对称均匀地上紧泵盖螺母，然后再拆卸泵盖，取下软铅片，并清洁，在每一圆形软铅片上选取4个测量点，用外千分尺测量软铅片厚度，做好记录，最后根据8个测量值得出的平均值即为齿轮泵的轴向间隙，齿轮轴向间隙应在0.04~0.08 mm，此间隙可用改变纸垫厚度来加以调整，如果齿轮端面擦伤而使端面间隙过大时，也可将泵壳与端盖的结合面磨去少许，以资补救。

三、检测某型号的齿轮泵的组装精度

检测某型号的齿轮泵精度的步骤如表5-7所示。

表5-7　检测齿轮泵精度的步骤

操作步骤	操作方法图示或说明	所用工具	自检
测量齿轮泵的啮合间隙	测量两啮合齿接触面的间隙，齿轮啮合间隙应在0.04~0.08 mm，最大不超过0.12 mm	塞尺	
测量齿轮泵的轴向间隙	齿轮轴向间隙应在0.04~0.08 mm	软铅丝	

四、检测与反馈

检测某型号的齿轮泵精度的质量评价，如表5-8所示。

表5-8　检测某型号的齿轮泵精度的检测评价表

<table>
<tr><th rowspan="2">项目</th><th rowspan="2">指标</th><th rowspan="2">分值</th><th colspan="3">测评方式</th><th rowspan="2">备注</th></tr>
<tr><th>自检</th><th>互检</th><th>专检</th></tr>
<tr><td rowspan="3">任务检测</td><td>合理选择检测量具</td><td>20</td><td></td><td></td><td></td><td></td></tr>
<tr><td>正确使用量具</td><td>30</td><td></td><td></td><td></td><td></td></tr>
<tr><td>评价检测结果</td><td>30</td><td></td><td></td><td></td><td></td></tr>
<tr><td rowspan="2">职业素养</td><td>着装</td><td>5</td><td></td><td></td><td></td><td></td></tr>
<tr><td>安全文明生产</td><td>15</td><td></td><td></td><td></td><td></td></tr>
<tr><td colspan="2">合计</td><td>100</td><td></td><td></td><td></td><td></td></tr>
<tr><td>综合评价</td><td colspan="6"></td></tr>
<tr><td>心得</td><td colspan="6"></td></tr>
</table>

任务完成后对作品作全面的检测评价，并把自己的体会或发现写在下面横线上：

____

____

____

____

____

项目六 蜗杆减速器的拆装

【项目概述】

减速器是一种由封闭在箱体内的齿轮、蜗杆蜗轮等传动零件组成的，装在原动机和工作机之间用来改变轴的转速和转矩，以适应工作机需要的传动装置。由于减速器结构紧凑、传动效率高、使用维护方便，因而在工业中应用广泛。减速器常见类型有以下三种：圆柱齿轮减速器、锥齿轮减速器和蜗杆减速器。通过对减速器中某轴系部件的拆装与分析，了解轴上零件的定位方式、轴系与箱体的定位方式、轴承及其间隙调整方法、密封装置等。

任务一 认识蜗杆减速器

训练目标

1. 了解蜗杆传动的相关知识。
2. 熟悉蜗杆减速器的结构。

任务布置

学习蜗杆传动的类型、特点、有关参数、失效形式、常用材料以及润滑方式等相关知识。

任务分析

欲攻城，先利器。想要拆装减速器，绘制好零件图，就必须掌握减速器的相关知识。

任务实施

一、蜗杆传动的基本知识

1. 蜗杆传动的类型和特点

蜗杆蜗轮机构是用来传递空间两交错轴之间运动的一种啮合传动机构，其两轴之间的交错角通常等于 90°，一般蜗杆是主动件。蜗杆传动主要是做减速传动，广泛应用于各种机械设备和仪表中，如图 6-1 所示。

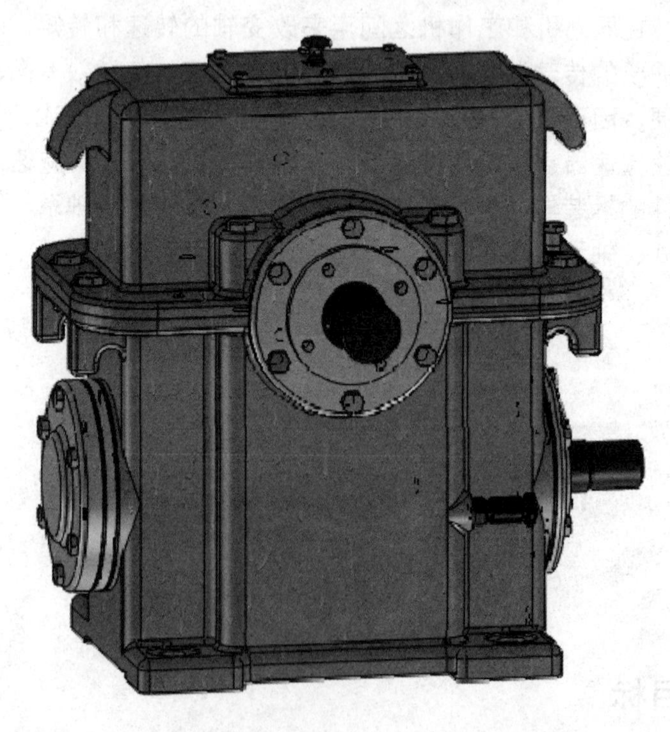

图 6-1　蜗杆减速器

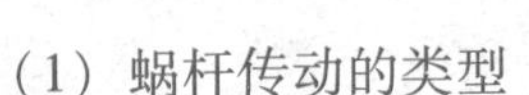

（1）蜗杆传动的类型

如图 6-2 所示，按蜗杆的形状不同，蜗杆传动可分为圆柱蜗杆传动、圆弧面蜗杆传动、圆锥面蜗杆传动等类型。

普通圆柱蜗杆传动的蜗杆按刀具不同又分为阿基米德蜗杆（ZA），如图 6-3 所示；渐开线蜗杆（ZI），如图 6-4 所示；法向直齿廓蜗杆（ZN）等，其中阿基米德蜗杆由于加工方便，应用最广泛。

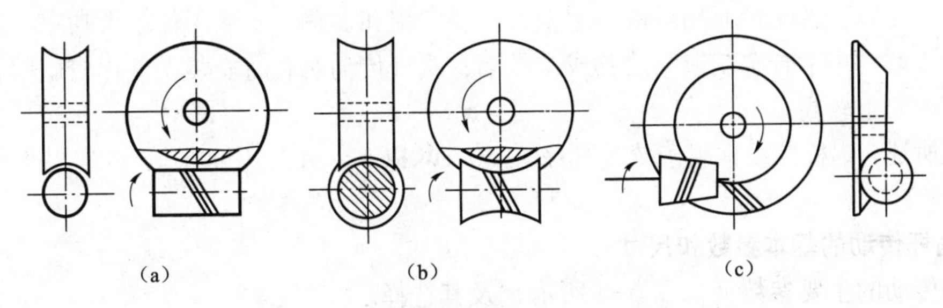

图 6-2　蜗杆传动的类型

（a）圆柱蜗杆传动；（b）圆弧面蜗杆传动；（c）圆锥面蜗杆传动

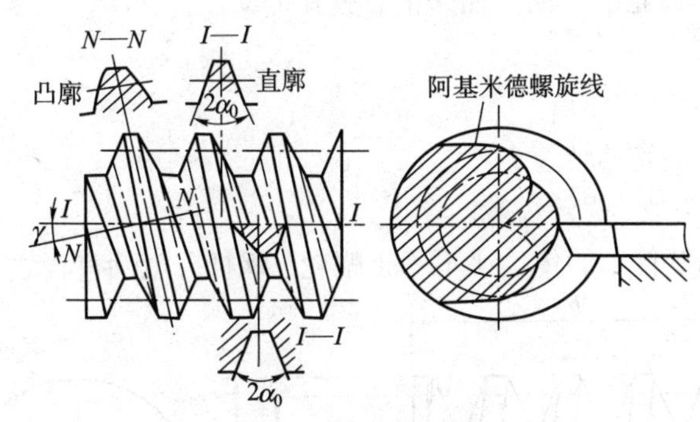

图 6-3　阿基米德蜗杆

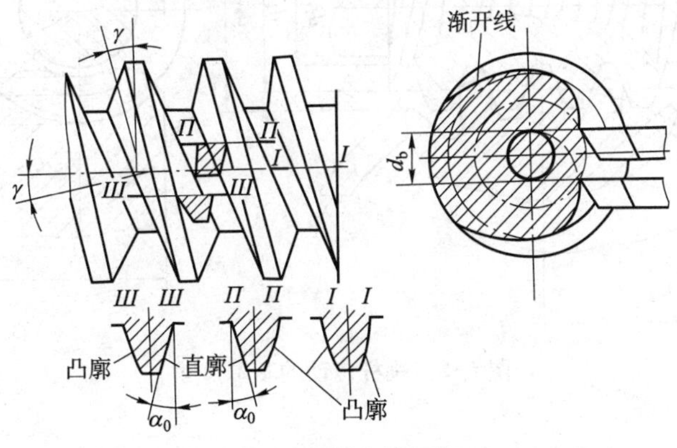

图 6-4　渐开线蜗杆

阿基米德蜗杆螺旋面的形成与螺纹的形成相同。车削阿基米德蜗杆时，刀具切削刃的平面应通过蜗杆轴线，两切削刃的夹角 $2\alpha = 40°$，切得的轴面齿廓两侧边为直线。在垂直于蜗杆轴线的截面上，齿廓为阿基米德螺线，故称阿基米德蜗杆。本章主要介绍阿基米德蜗杆蜗轮机构。

（2）蜗杆传动的特点

蜗杆传动的主要优点是能得到较大的传动比、结构紧凑，其在分度机构中的传动比 i 可达 1000，在动力传动中传动比 $i=10\sim80$。由于蜗杆传动属于啮合传动，蜗杆齿是连续的螺旋齿，与蜗轮逐渐进入和退出啮合，且同时啮合的齿数对较多，故传动平稳、噪声低；在一定条件下，该机构可以自锁。

蜗杆传动的主要缺点是效率低，当蜗杆主动时，效率一般为 0.7~0.8；具有自锁时，效率仅为 0.4 左右。由于齿面相对滑移速度大，易磨损和发热，不适于传递大功率；为减小磨损，蜗轮齿圈常用铜合金制造，故其成本较高；蜗杆传动对制造安装误差比较敏感，对中心距尺寸精度要求较高。

综上所述，蜗杆传动常用于传递功率在 50 kW 以下，滑动速度在 15 m/s 以下的机械设备中。

2. 蜗杆传动的基本参数和尺寸

蜗杆传动的主要参数（如图 6-5 所示）及其选择。

（1）蜗杆头数 z_1、蜗轮齿数 z_2 和传动比 i

蜗杆蜗轮机构是由齿轮机构演变而来的，故其传动比为：

$$i=\frac{n_1}{n_2}=\frac{z_2}{z_1}$$

式中　n_1、n_2——蜗杆蜗轮的转速；

z_1、z_2——蜗杆头数、蜗轮齿数。

需要指出的是，蜗杆传动的传动比不等于蜗轮、蜗杆分度圆直径之比。

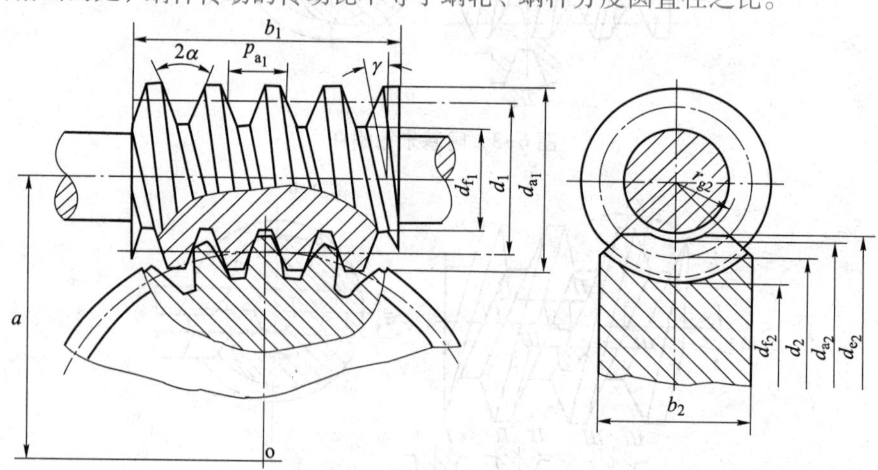

图 6-5　蜗杆传动的基本尺寸

蜗杆头数 z_1 通常为 1、2、4、6，z_1 根据传动比和蜗杆传动的效率来确定。当要求自锁和大传动比时 $z_1=1$，但传动效率较低。若传递动力，为提高传动效率，常取 $z_1=2$、4、6。蜗轮齿数 $z_2=iz_1$，通常取 $z_2=28\sim80$。若 $z_2<27$，会使蜗轮发生根切，不能保证传动的平稳性和提高传动效率。若 $z_2>80$，随着蜗轮直径的增大，蜗杆的支撑跨距也会增大，其刚度会随之减小，从而影响蜗杆传动的啮合精度。z_1、z_2 可参考表 6-1 的推荐值选取。

表 6-1 各种传动比时推荐的 z_1、z_2 值

传动比	7~13	14~27	28~40	>40
z_1	4	2	2，1	1
z_2	28~52	28~54	28~80	>40

（2）模数和压力角

蜗杆和蜗轮啮合时，在中间平面上，蜗杆的轴面模数 m_{a_1} 和压力角 α_{a_1} 与蜗轮的端面模数 m_{t_2} 压力角 α_{t_2} 相等，并把中间平面上的模数和压力角同时规定为标准值。标准模数 m 见表 6-2，标准压力角 $\alpha=20°$（在动力传动中推荐用 $\alpha=20°$；在分度传动中，推荐用 $\alpha=15°$ 或 $\alpha=12°$）。

表 6-2 我国规定的标准模数系列表

第一系列	0.1	0.12	0.15	0.2	0.25	0.3	0.4	0.5	0.6	0.8	
	1	1.25	1.5	2	2.5	3	4	5	6	8	
	10	12	16	20	25	32	40	50			
第二系列	0.35	0.7	0.9	1.75	2.25	2.75	(3.25)	3.5	(3.75)	4.5	5.5
	(6.5)	7	8	(11)	14	18	22	28	(30)	36	45

注：选用模数时，应优先采用第一系列，其次是第二系列，括号内的模数尽可能不用。

（3）蜗杆分度圆直径 d_1 和蜗杆直径系数 q

为了保证蜗杆与蜗轮正确啮合，铣切蜗轮的滚刀的直径及齿形参数与相应的蜗杆基本参数应相同。因此，即使模数相同，也会有许多直径不同的蜗杆及相应的滚刀，这显然是很不经济的。为了使刀具标准化，减少滚刀规格，对每一标准模数规定了一定数量的蜗杆分度圆直径 d_1，蜗杆分度圆直径 d_1 与模数 m 的比值称为蜗杆直径系数，用 q 表示，即 $q=\dfrac{d_1}{m}$。

因 d_1 和 m 均为标准值，故 q 为导出值，不一定是整数。

（4）蜗杆的导程角

当蜗杆的头数为 z_1，轴面模数为 m 时，蜗杆在分度圆柱面上的轴向齿距等于蜗轮的端面齿距，即 $p_{a_1}=p_{t_2}=\pi m$，由图 6-6 得：

图 6-6 蜗杆导程角 λ

$$\tan\gamma=\frac{z_1 p_{a_1}}{\pi d_1}=\frac{z_1 m}{d_1}=\frac{z_1}{q}$$

式中 p_{a_1}——蜗杆的轴向齿距。

导程角的大小与效率有关。导程角大，效率高，导程角小，效率低，一般认为，$\gamma\leqslant 3°30'$的蜗杆传动具有自锁性。

因此，蜗杆蜗轮正确啮合条件是：蜗杆的轴面模数 m_{a_1} 和轴面压力角 α_{a_1} 与蜗轮的端面模数 m_{t_2} 和端面压力角 α_{t_2} 分别相等，且蜗杆的导程角 γ_1 和蜗轮的螺旋角 β_2 必须等值同旋向，即：

$$\left.\begin{aligned} m_{a_1} &= m_{t_2} = m \\ \alpha_{a_1} &= \alpha_{t_2} = a \\ \gamma_1 &= \beta_2 \end{aligned}\right\}$$

（5）中心距 a

蜗杆传动中心距为：

$$a=\frac{1}{2}(d_1+d_2)=\frac{m}{2}(q+z_2)$$

2. 蜗杆传动的几何尺寸计算（如表6-3所示）

表6-3　圆柱蜗杆蜗轮机构的几何尺寸计算

名称	符号	蜗杆	蜗轮	名称	符号	蜗杆	蜗轮
齿顶高	h_a	$h_{a_1}=h_{a_2}=h_a^* m$		齿根圆直径	d_f	$d_{f_1}=d_1-2h_{f_1}$	$d_{f_2}=d_2-2h_{f_2}$
齿根高	h_f	$h_{f_1}=h_{f_2}=(h_a^*+c^*)\ m$		蜗杆导程角	γ	$\gamma=\arctan(z_1/q)$	
全齿高	h	$h_1=h_2=(2h_a^*+c^*)\ m$		蜗轮螺旋角	β_2		$\beta_2=\gamma$
分度圆直径	d	$d_1=mq$	$d_2=mz_2$	径向间隙	c	$c=c^* m=0.2m$	
齿顶圆直径	d_a	$d_{a_1}=d_1+2h_{a_1}$	$d_{a_2}=d_2+2h_{a_2}$	中心距	a	$a=\frac{m}{2}(q+z_2)$	

3. 蜗杆传动的失效形式

蜗杆传动的失效形式与齿轮传动基本相同。主要有轮齿的点蚀、弯曲折断、磨损及胶合失效等。由于该传动啮合齿面间的相对滑动速度大、效率低、发热量大，故更易发生磨损和胶合失效。而蜗轮无论在材料的强度或结构方面均较蜗杆弱，所以失效多发生在蜗轮轮齿上。

4. 蜗杆传动的常用材料及选择

（1）蜗杆常用材料（如表6-4所示）

表6-4　蜗杆材料

材料	热处理	硬度	齿面粗糙度 R_a/μm	使用条件
15CrMn，20Cr，20CrMnTi，20MnVB	渗碳淬火	58~63HRC	1.6~0.4	高速重载，载荷变化大
45，40Cr，42SiMn，40CrNi	表面淬火	45~55HRC	1.6~0.4	高速重载，载荷稳定
45，40	调质	≤270HBS	6.3~1.6	一般用途

（2）蜗轮的常用材料

蜗杆、蜗轮常用配对材料如表6-5所示。

① 铸造锡青铜：因其耐磨性最好，抗胶合能力也好，易加工，故用于重要传动；允许的滑动速度 v_s 可达25m/s，但价格昂贵。常用的有ZCuSn10P1、ZCuSn5Pb5Zn5。其中后者常用于 v_s<12 m/s的传动。

② 铸造铝青铜：特点是强度较高且价格便宜，其他性能则均不及锡青铜好，一般用于 v_s<4m/s 的传动。常用的有 ZCuAl10Fe3、ZCuAl10Fe3Mn2 等。

③ 灰铸铁：其各项性能远不如前面几种材料，但价格低。适用于滑动速度 v_s<2m/s 的低速、且对效率要求不高的传动。

表 6-5 蜗杆、蜗轮配对材料

相对滑动速度 v_s/（$m \cdot s^{-1}$）	蜗轮材料	蜗杆材料
≤25	ZCuSn10P1	20CrMnTi，渗碳淬火，56~62HRC； 20Cr，渗碳淬火，56~62HRC
≤12	ZCuSn5Pb5Zn5	45，高频淬火，40~50HRC； 40Cr，50~55HRC
≤10	ZCuA19Fe4Ni4Mn2 ZCuAl10Fe3	45，高频淬火，40~50HRC； 40Cr，50~55HRC
≤2	HT150 HT200	45 调质，220~250HBS

5. 蜗杆蜗轮的结构

（1）蜗杆的结构（如图 6-7 所示）

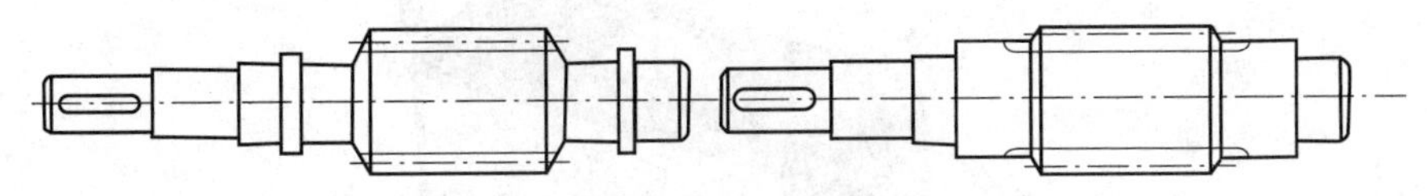

图 6-7 蜗杆的结构形式

（2）蜗轮的结构

① 铸铁蜗轮或小蜗轮做成整体式，如图 6-8（a）所示。

② 直径大的蜗轮做成组合式，如图 6-8（b）~（d）所示。

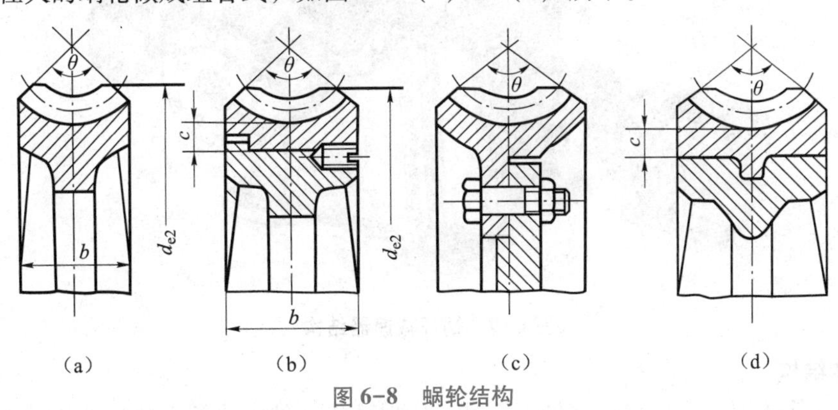

图 6-8 蜗轮结构

直径大的蜗轮，为了节约贵重的有色金属，长采用组合式结构。即齿圈用有色金属制造，而齿芯采用钢或铸铁制成。组合形式有三种：齿圈压配式、螺栓连接式、浇注式。

6. 蜗杆传动的润滑

蜗杆传动的润滑不仅能提高传动效率，而且可以避免轮齿的胶合和磨损，所以蜗杆传动

保持良好的润滑是十分必要的。

闭式蜗杆传动的润滑油黏度和给油方法，一般可根据相对滑动速度、载荷类型参考表6-6选择。为提高蜗杆传动的抗胶合性能，宜选用黏度较高的润滑油。对青铜蜗轮，不允许采用抗胶合性能强的活性润滑油，以免腐蚀青铜齿面。

表6-6　蜗杆传动的润滑油黏度及润滑方法

滑动速度 $v_s/(m \cdot s^{-1})$	<1	<2.5	<5	>5~10	>10~15	>15~25	>25
工作条件	重载	重载	中载				
黏度 v_{40}/（℃/cSt）	1 000	680	320		150	100	68
润滑方法	油浴			油浴或喷油	压力喷油润滑及其压力/$(N \cdot mm^2)$		
					0.07	0.2	0.3

二、蜗杆减速器的结构分析

蜗杆减速器结构如图6-9所示。

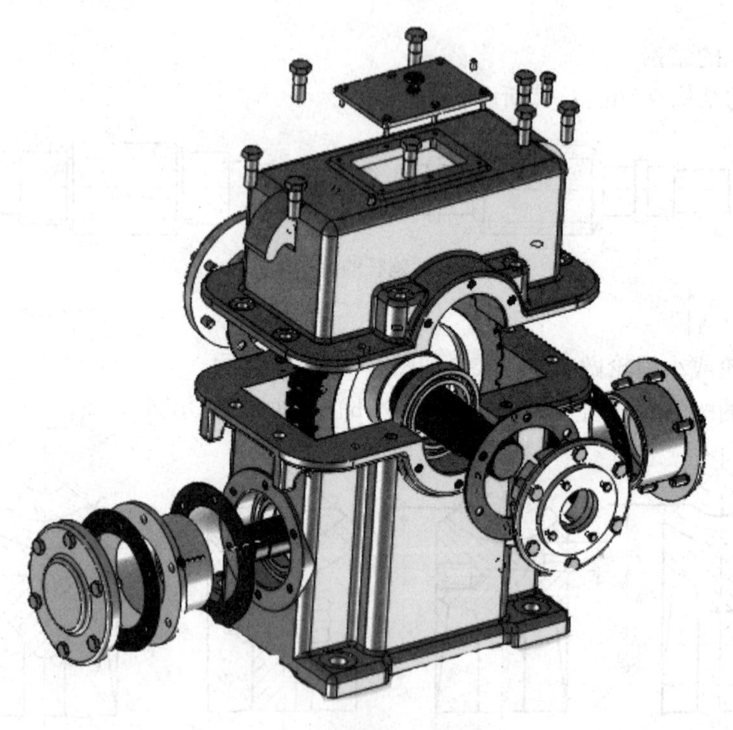

图6-9　蜗杆减速器结构

1. 箱体结构

减速器的箱体用来支撑和固定轴系零件，应保证传动件轴线相互位置的正确性，因而轴孔必须精确加工。箱体必须具有足够的强度和刚度，以免引起沿齿轮齿宽上载荷分布不匀。为了增加箱体的刚度，通常在箱体上制出筋板。为了便于轴系零件的安装和拆卸，箱体通常制成剖分式。剖分面一般取在轴线所在的水平面内（即水平剖分），以便于加工。箱盖（机盖）和箱座（机座）之间用螺栓连接成一整体，为了使轴承座旁的连接螺栓尽量靠近轴承

座孔，并增加轴承支座的刚性，应在轴承座旁制出凸台。为保证箱体具有足够的刚度，能够承受竖向载荷和弯矩，在轴承孔附近加支撑肋即箱肋。为保证减速器安置在基础上的稳定性并尽可能减少箱体底座平面的机械加工面积，箱体底座一般不采用完整的平面。箱体通常用灰铸铁（HT150 或 HT200）铸成，灰铸铁具有很好的铸造性能和减振性能，对于受冲击载荷的重型减速器也可采用铸钢箱体。单件生产时为了简化工艺，降低成本可采用钢板焊接箱体。

2. 减速器附件

（1）定位销

在精加工轴承座孔前，在箱盖和箱座的连接凸缘上配装定位销，以保证箱盖和箱座的装配精度，同时也保证了轴承座孔的精度。两定位圆锥销应设在箱体纵向两侧连接凸缘上，且不宜对称布置，以加强定位效果。同时在确定销孔位置时应考虑加工箱座钻孔、铰孔的方便和不妨碍邻近连接螺栓的装拆，并且销钉长度应稍大于箱盖和箱座的厚度之和。

（2）视孔盖

为了检查传动零件的啮合情况，并向箱体内加注润滑油，在箱盖的适当位置设置一观察孔，观察孔多为长方形，视孔盖板平时用螺钉固定在箱盖上，盖板下垫有纸质密封垫片，以防漏油。

（3）通气器

减速器中的零件工作时产生的热量会使箱体内部的温度升高，使箱内气体膨胀，压力增大。为防止润滑油黏度随温度的升高而下降，同时也防止润滑油从箱体分界处和外伸轴密封处泄漏，在减速器的箱体顶部或观察孔盖板上应安装通气器。应注意的是，通气器的孔不能直通顶端，以免脏物掉入其内。

（4）油标

为了检查箱体内的油面高度，及时补充润滑油，应在油箱便于观察和油面稳定的部位，最好在低速级齿轮附近装设油面指示器。油面指示器分油标和油尺两类，设计油尺倾斜角度时，应使加工斜孔的刀具以及取放油尺时不致与箱座的上凸缘相碰。

（5）油塞

换油时，为了排放污油和清洗剂，应在箱体底部、油池最低位置开设放油孔，平时放油孔用油塞旋紧，放油螺塞和箱体结合面之间应加防漏垫圈。另外，为了便于污油流出，油孔一般做成向孔端倾斜 1°~2°的结构。

（6）启盖螺钉

装配减速器时，常常在箱盖和箱座的结合面处涂上水玻璃或密封胶，以增强密封效果，但却给开启箱盖带来困难。为此，在箱盖侧边的凸缘上开设螺纹孔，并拧入启盖螺钉。开启箱盖时，拧动启箱螺钉，迫使箱盖与箱座分离。

（7）起吊装置

为了便于搬运，需在箱体上设置起吊装置。图 6-9 中箱盖上铸有两个吊耳，用于起吊箱盖。箱座上铸有两个吊钩，用于吊运整台减速器。

（8）平垫圈

平垫圈既可起到保护工件外表面、增加螺丝受力面积防止时间一长而造成螺丝松动的作

用，又可增加摩擦阻力；由于其质地比螺丝软，当压紧时压力过大它可以变形，从而防止螺丝崩断。

三、检测与反馈

对完成的工作进行检测，评价表如表6-7所示。

表6-7 减速器认知评价表

项目	指标	分值	测评方式			备注
			自检	互检	专检	
任务检测	准确指出各零部件名称	30				
	正确判断输入输出轴	30				
	明确工作原理	20				
职业素养	着装	5				
	安全文明生产	15				
合计		100				
综合评价						
心得						

任务总结

任务完成后对作品作全面的检测评价，并把自己的体会或发现记录在下面横线上：

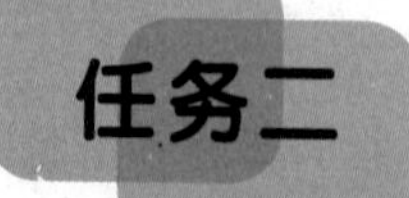

任务二 拆卸蜗杆减速器

训练目标

1. 通过对减速器的拆卸与观察，了解减速器的整体结构、功能及用途。
2. 了解减速器各部件的名称、结构、安装位置及作用，分析了解各种附件的功能。

3. 通过对减速器中某轴系部件的拆卸与分析，了解轴上零件的定位方式、轴系与箱体的定位方式。

任务布置

按照蜗杆减速器的技术要求，正确拆卸。

任务分析

正确使用拆卸工具，拟定合理拆卸顺序，以防止破坏零件，造成损失。

任务实施

齿轮减速器、蜗杆减速器的种类繁多，但其基本结构有很多相似之处。在拆装过程中应注意掌握减速器的结构、主要零件的特点。减速器的基本结构一般是由箱体、轴系零件和附件三部分组成。

一、拆卸蜗杆减速器的顺序及注意事项

1. 拆卸蜗杆减速器的顺序

① 观察减速器外部结构，判断传动级数、输入轴、输出轴及安装方式。

② 观察减速器的外形与箱体附件，了解附件的功能、结构特点和位置。

③ 拧下箱盖和箱座连接螺栓，拧下端盖螺钉（嵌入式端盖除外），拔出定位销，利用起盖螺钉打开箱盖。

④ 测定齿轮直齿圆柱齿轮齿数、模数、轴径。用游标卡尺测量轴径值。

⑤ 仔细观察箱体剖分面及内部结构（润滑、密封、放油螺塞等），箱体内轴系零部件间相互位置关系，确定传动方式。数出齿轮齿数并计算传动比，判定斜齿轮或蜗杆的旋向及轴向力、轴承型号及安装方式。

⑥ 取出轴系部件，拆零件并观察分析各零件的作用、结构、周向定位、轴向定位、间隙调整、润滑、密封等问题。把各零件编号并分类放置。

⑦ 分析轴承内圈与轴的配合，轴承外圈与机座的配合情况。

⑧ 拆、量、观察分析过程结束后，按拆卸的反顺序装配好减速器。

2. 注意事项

① 蜗杆减速器拆装过程中，若需搬动，要注意人身安全。

② 拆卸箱盖时应先拆开连接螺钉与定位销，再用起盖螺钉将盖、座分离，然后利用盖上的吊耳或环首螺钉起吊。拆开的箱盖与箱座应注意保护其结合面，防止碰坏或擦伤。

③ 拆装轴承时须用专用工具，不得用锤子乱敲。无论是拆卸还是装配，均不得将力施加于外圈上通过滚动体带动内圈，否则将损坏轴承滚道。

二、拆卸蜗杆减速器的方法

有序的拆装减速器是至关重要的，所以拆卸之前，要先清除表面的尘土及污垢，然后按拆卸的顺序给所有零、部件编号，并登记名称和数量，然后分类、分组保管，避免产生混乱和丢失；拆卸时避免随意敲打造成破坏，并防止碰伤、变形等，以使再装配时仍能保证减速器正常运转。

拆卸方法：

① 拆卸观察孔盖。

② 拆卸箱体与箱盖连接螺栓，起出定位销，然后拧动起盖螺钉，卸下箱盖。

③ 拆卸各轴两边的轴承端盖。

④ 一边转动轴顺着轴旋转方向将高速轴轴系拆下，再用橡胶榔头轻敲轴将低、中速轴系拆卸下来。

⑤ 最后拆卸其他附件如油标、油塞等。

拆卸蜗杆减速器的步骤如表 6-8 所示。

表 6-8　蜗杆减速器的拆卸

操作步骤	操作方法图示或说明	所用工具	自检
准备工作	准备代用巾、毛刷、手锤、起子等	代用巾、毛刷、手锤、起子等	
拆卸观察孔盖		活络扳手等	
拆卸箱体与箱盖连接螺栓，起出定位销，拆卸输出轴两边端盖，然后拧动起盖螺钉，卸下箱盖		活络扳手、铜棒等	
拆卸蜗轮		拉拔器等	
拆卸输入轴两边端盖		活络扳手、铜棒等	

续表

操作步骤	操作方法图示或说明	所用工具	自检
拆卸蜗杆		拉拔器等	
拆卸油标、油塞等		活络扳手等	

三、检测与反馈

对完成的工作进行检测，评价表如表 6-9 所示。

表 6-9 减速器拆卸过程评价表

项目	指标	分值	测评方式			备注
			自检	互检	专检	
任务检测	正确选择拆卸工具	20				
	正确使用拆卸工具	20				
	合理标记各零件	20				
	正确清理零件	20				
职业素养	着装	5				
	安全文明生产	15				
合计		100				
综合评价						
心得						

任务总结

任务完成后对作品作全面的检测评价，并把自己的体会或发现记录在下面横线上：

任务三 组装蜗杆减速器

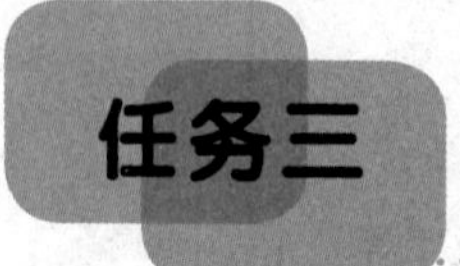

训练目标

1. 通过对减速器的组装与观察，掌握减速器的整体结构、功能及用途。

2. 通过对减速器中某轴系部件的组装与分析，掌握轴上零件的定位方式、轴系与箱体的定位方式、轴承及其间隙调整方法、密封装置等。

3. 掌握减速器调整和维修的基本方法。

任务布置

按照蜗杆减速器的技术要求，正确安装。

任务分析

正确使用组装工具，拟定合理安装顺序，以防止破坏零件，造成损失。

任务实施

在安装过程中应注意掌握减速器的结构、主要零件的特点。

一、安装蜗杆减速器的注意事项

按原样将减速器装配好，要注意以下几点。

① 装配时按先内部后外部的合理顺序进行。

② 装配轴套和滚动轴承时，应注意方向；应注意滚动轴承的合理拆装方法。

③ 装配上、下箱之间的连接螺栓前应先安装好定位销钉。

④ 最后要经指导教师检查后才能合上箱盖。

二、安装蜗杆减速器的方法

安装蜗杆减速器的步骤如表 6-10 所示。

表 6-10　安装蜗杆减速器的步骤

操作步骤	操作方法图示或说明	所用工具	自检
准备工作	准备代用巾、毛刷、手锤、起子、柴油等	代用巾、毛刷、手锤、起子、柴油等	
安装蜗杆轴及轴上零件	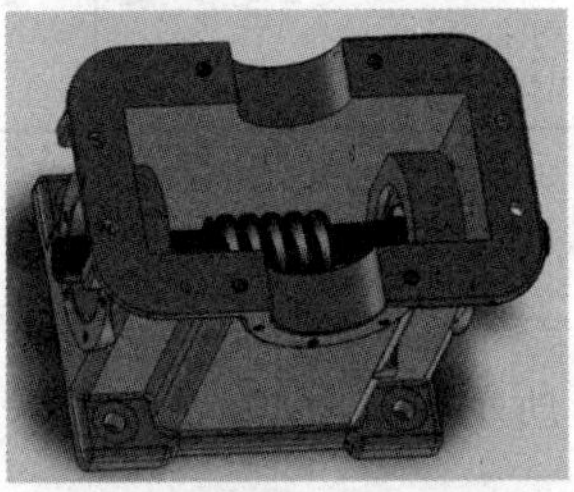	铜棒等	
安装轴两端的端盖及油标、油塞等		活络扳手　铜棒等	
安装蜗轮		橡胶手锤等	
安装上盖		活络扳手　铜棒等	

续表

操作步骤	操作方法图示或说明	所用工具	自检
安装观察孔盖		活络扳手 铜棒等	

三、检测与反馈

对完成的工作进行检测，评价表如表 6-11 所示。

表 6-11　减速器组装过程评价表

项目	指标	分值	测评方式			备注
			自检	互检	专检	
任务检测	合理选择装配工具	20				
	正确使用装配工具	20				
	装配工艺合理	40				
职业素养	着装	5				
	安全文明生产	15				
合计		100				
综合评价						
心得						

任务总结

任务完成后对作品作全面的检测评价，并把自己的体会或发现记录在下面横线上：

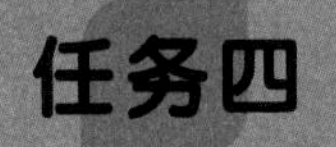

任务四　检测装配精度

训练目标

掌握对装配后的蜗杆减速器进行检测的技术要领。

任务布置

熟练使用各类工具过对蜗杆减速器进行检测，掌握蜗杆减速器的检测技术要领。

任务分析

1. 零件和组件必须安装在规定位置，不得装入图样上未规定的垫圈、衬套之类零件。
2. 各轴线之间应该有正确的相对位置，如平行度、垂直度等。
3. 蜗杆蜗轮的啮合符合技术要求。
4. 旋转件转动灵活，滚动轴承游隙合适，润滑良好，不漏洞。
5. 固定连接牢固，可靠。

任务实施

检测蜗杆减速器精度的步骤如表 6-12 所示。

表 6-12　检测蜗杆减速器精度的步骤

操作步骤	操作方法图示或说明	所用工具	自检
测量蜗杆减速器的轴向间隙	装成后在蜗杆外端放置一百分表，检查轴向间隙，轴向间隙应在 0.01~0.02 mm	百分表	
确定蜗轮轴的位置	移动蜗轮轴，在蜗轮与蜗杆正确啮合的位置上测量尺寸，并以此来调整轴承盖的台肩尺寸	深度游标卡	
测量蜗杆减速器的啮合间隙	测量两啮合齿接触面的间隙，齿轮啮合间隙应在 0.04 ~ 0.08 mm，最大不超过 0.12 mm	塞尺或软铅丝	

续表

操作步骤	操作方法图示或说明	所用工具	自检
运转试验	装配一要符合要求后，接上电源，进行空转试车。运转 30min 后，轴承温度不能超过规定要求，齿轮无显著噪声，传动性能符合要求	联轴器	

【检测与反馈】

对完成的工作进行检测，评价表如表 6-13 所示。

表 6-13　检测蜗杆减速器装配精度评价表

项目	指标	分值	测评方式			备注
			自检	互检	专检	
任务检测	合理选择检测量具	20				
	正确使用量具	30				
	评价检测结果	30				
职业素养	着装	5				
	安全文明生产	15				
合计		100				
综合评价						
心得						

任务总结

任务完成后对作品作全面的检测评价，并把自己的体会或发现写在下面横线上：